标准编写方法

胡涵景 孙一中 编著

电子工业出版社

Publishing House of Electronics Industry

北京•BEIJING

内 容 简 介

为了使广大标准化工作者尽快学习掌握新的规则和理论，作者根据自己掌握的标准化理论和长期参与国际国内标准化文件编写的实践编写了《标准编写方法》一书。该书在内容上以GB/T 1.1—2020 为依托，同时参考了《ISO/IEC 导则 第 2 部分：ISO 和 IEC 文件的结构和起草原则与规则》，以及我国已经发布实施的 GB/T 20000、GB/T 20001、GB/T 20002 等系列标准。该书在内容的解析上具有独特的观点和视角，尤其侧重于解决标准化工作者在实际编写标准化文件时面临的问题。本书配有大量的实例供读者参考。

本书适合标准化工作者、企业管理者、质量检查者阅读。

图书在版编目（CIP）数据

标准编写方法 / 胡涵景，孙一中编著. —北京：电子工业出版社，2023.7

ISBN 978-7-121-45792-0

Ⅰ．①标⋯ Ⅱ．①胡⋯ ②孙⋯ Ⅲ．①标准—编写 Ⅳ．①G307.4

中国国家版本馆 CIP 数据核字（2023）第 108301 号

责任编辑：田宏峰
印　　刷：北京天宇星印刷厂
装　　订：北京天宇星印刷厂
出版发行：电子工业出版社
　　　　　北京市海淀区万寿路 173 信箱　邮编：100036
开　　本：720×1 000　1/16　印张：14.25　字数：271 千字
版　　次：2023 年 7 月第 1 版
印　　次：2023 年 7 月第 1 次印刷
定　　价：79.00 元

凡所购买电子工业出版社图书有缺损问题，请向购买书店调换。若书店售缺，请与本社发行部联系，联系及邮购电话：（010）88254888，88258888。

质量投诉请发邮件至 zlts@phei.com.cn，盗版侵权举报请发邮件至 dbqq@phei.com.cn。

本书咨询联系方式：tianhf@phei.com.cn。

前　　言

　　标准化是为了建立最佳秩序、促进共同效益而开展的制定并应用标准的活动。为了保证标准化活动有序开展，促进标准化目标和效益的实现，对标准化活动本身确立规则已经成为国内外各类标准化机构开展标准化活动的首要任务。

　　1984 年 3 月 27 日，国家标准总局颁布了《采用国际标准管理办法》。《采用国际标准管理办法》的颁布标志着我国标准化工作在方向和策略上的重大调整。根据《采用国际标准管理办法》的要求，我国在标准化文件的编写上开始与国际接轨，以《ISO/IEC 导则　第 2 部分：ISO 和 IEC 文件的结构和起草原则与规则》为参考并结合我国标准化工作的具体实际，对已经颁布的 GB/T 1.1 系列标准进行修订，从此 GB/T 1.1 系列标准随着《ISO/IEC 导则　第 2 部分：ISO 和 IEC 文件的结构和起草原则与规则》的修订而修订。

　　2020 年 10 月 1 日，《标准化工作导则　第 1 部分：标准化文件的结构和起草规则》（GB/T 1.1—2020）开始实施。GB/T 1.1—2020 主要参考了《ISO/IEC 导则　第 2 部分：ISO 和 IEC 文件的结构和起草原则与规则》第 6、7、8 版的内容。与 GB/T 1.1—2009 相比，GB/T 1.1—2020 有了重大的变化。如何准确理解和掌握 GB/T 1.1—2020，并应用正确的方法编写标准化文件，对于从事标准化工作的人员（标准化工作者）来说是一个难点。

　　为了使广大的标准化工作者尽快学习掌握新的规则和理论，作者根据自己掌握的标准化理论，以及长期参与国际国内标准化文件编写的实践，编写了《标准编写方法》。本书在编写过程中，以 GB/T 1.1—2020 为依托，同时参考了《ISO/IEC 导则　第 2 部分：ISO 和 IEC 文件的结构和起草原则与规则》，以及我国已经发布实施的 GB/T 20000、GB/T 20001 和 GB/T 20002 等系列标准。本书在内容解析上具有独特的观点和视角，侧重于解决标准化工作者在实际编写标准化文件中面临的问题，并给出了大量的实例供相关人员参考。

　　为了便于读者理解，本书给出了相关标准的原文。对于相关标准的原文，本书采用楷体字体，尽量保留了相关标准原文的版式。为了便于读者查阅，相关标准的原文，保留了原来的序号。

由于作者水平有限，书中难免存在错误和不足之处，敬请广大读者和用户指正。

作　者

2023 年 4 月于北京

目　　录

第 1 章　标准的制修订程序 ……………………………………………………1

　　1.1　概述 …………………………………………………………………………1

　　1.2　国际标准制修订程序的解析 ……………………………………………1

　　　　1.2.1　国际标准的制修订程序 …………………………………………1

　　　　1.2.2　参与国际标准制修订应注意的问题 ………………………………4

　　1.3　我国标准的制修订程序的解析 …………………………………………5

　　1.4　标准制修订程序的应用流程 ……………………………………………5

第 2 章　标准化文件的结构和起草规则解析 ……………………………8

　　2.1　概述 …………………………………………………………………………8

　　2.2　对标准化文件名称、前言以及引言的解析 …………………………10

　　　　2.2.1　对标准化文件名称的解析 ………………………………………10

　　　　2.2.2　对前言的解析 ……………………………………………………10

　　　　2.2.3　对引言的解析 ……………………………………………………12

　　2.3　对范围的解析 ……………………………………………………………12

　　2.4　对规范性引用文件和术语定义的解析 ………………………………14

　　　　2.4.1　对规范性引用文件的解析 ………………………………………14

　　　　2.4.2　对术语和定义的解析 ……………………………………………15

　　2.5　对文件类别的解析 ………………………………………………………17

　　2.6　对目标、原则和要求的解析 …………………………………………19

　　　　2.6.1　概述 ………………………………………………………………19

　　　　2.6.2　对目标和总体原则的解析 ………………………………………20

　　　　2.6.3　对文件编制成整体或分为部分原则的解析 ……………………21

　　　　2.6.4　对规范性要素的选择原则的解析 ………………………………22

2.6.5　对文件的表述原则的解析 ································· 23
2.6.6　对总体要求的解析 ······································· 24
2.7　对文件名称和结构的解析 ······································· 26
2.7.1　概述 ··· 26
2.7.2　对文件名称的解析 ······································· 26
2.7.3　对结构的解析 ··· 29
2.8　对层次编写的解析 ··· 33
2.8.1　对部分的解析 ··· 33
2.8.2　对章、条、段的解析 ····································· 35
2.8.3　对列项的解析 ··· 37
2.9　对要素编写的解析 ··· 38
2.9.1　对封面编写的解析 ······································· 38
2.9.2　对目次编写的解析 ······································· 39
2.9.3　对前言编写的解析 ······································· 40
2.9.4　对引言编写的解析 ······································· 41
2.9.5　对范围编写的解析 ······································· 42
2.9.6　对规范性引用文件编写的解析 ······························· 43
2.9.7　对术语和定义编写的解析 ··································· 44
2.9.8　对符号和缩略语编写的解析 ································· 46
2.9.9　对分类和编码/系统构成编写的解析 ····························· 47
2.9.10　对总体原则和/或总体要求编写的解析 ························· 48
2.9.11　对核心技术要素编写的解析 ································· 48
2.9.12　对其他技术要素编写的解析 ································· 50
2.9.13　对参考文献编写的解析 ··································· 50
2.9.14　对索引编写的解析 ······································· 51
2.10　对要素表述的解析 ·· 51
2.10.1　概述 ·· 51
2.10.2　对条款表述的解析 ······································ 51
2.10.3　对附加信息表述的解析 ··································· 54
2.10.4　对通用内容表述的解析 ··································· 55
2.10.5　对条文表述的解析 ······································ 55
2.10.6　对引用和提示表述的解析 ································· 57
2.10.7　对附录表述的解析 ······································ 60

2.10.8　对图表述的解析 ·· 61

2.10.9　对表表述的解析 ·· 64

2.10.10　对数学公式表述的解析 ···························· 66

2.10.11　对示例表述的解析 ······································ 69

2.10.12　对注表述的解析 ··· 69

2.10.13　对脚注表述的解析 ······································ 70

2.10.14　对其他规则表述的解析 ······························ 70

第 3 章　标准化文件的编写方法 ······································ 72

3.1　标准化文件概述 ··· 72

3.2　标准化需求分析 ··· 73

3.3　标准化文件的编写方法 ·· 74

3.4　标准化文件的编写策划 ·· 77

3.5　标准化文件的名称、结构、要素、核心技术要素 ········ 78

3.5.1　产品标准化文件的名称、结构、要素、核心技术要素 ··· 78

3.5.2　试验方法标准化文件的名称、要素、核心技术要素 ····· 79

3.5.3　规范标准化文件的名称、框架、要素、核心技术要素以及表述的
　　　　策划举例 ··· 81

3.5.4　规程标准化文件的名称、框架、要素、核心技术要素 ··· 82

3.5.5　指南标准化文件的名称、框架、要素、核心技术要素 ··· 83

第 4 章　产品标准化文件的编写 ······································ 85

4.1　产品标准化文件概述 ··· 85

4.2　产品标准化文件的编写方法 ···································· 86

4.2.1　产品标准化文件的编写原则 ·························· 86

4.2.2　产品标准化文件的结构 ································· 86

4.2.3　产品标准化文件的要素起草 ·························· 87

4.2.4　产品标准化文件的数值选择 ·························· 88

4.3　产品标准化文件案例 ··· 89

第 5 章　试验方法标准化文件的编写 ································· 90

5.1　试验方法标准化文件概述 ······································· 90

5.2　试验方法标准化文件的编写方法 ······························ 91

5.2.1 试验方法标准化文件的编写原则 …………………………………… 91

5.2.2 试验方法标准化文件的结构 ……………………………………… 91

5.2.3 试验方法标准化文件要素的起草 ………………………………… 92

5.3 试验方法标准化文件案例 ……………………………………………… 93

第6章 规范标准化文件的编写 ………………………………………………… 94

6.1 规范标准化文件概述 …………………………………………………… 94

6.2 规范标准化文件的编写方法 …………………………………………… 95

6.2.1 规范标准化文件的编写原则 ……………………………………… 95

6.2.2 规范标准化文件的结构 …………………………………………… 96

6.2.3 规范标准化文件要素的编写 ……………………………………… 96

6.3 规范标准案例分析 ……………………………………………………… 100

第7章 规程标准化文件的编写 ………………………………………………… 101

7.1 规程标准化文件概述 …………………………………………………… 101

7.2 规程标准的编写方法 …………………………………………………… 102

7.2.1 规程标准化文件的编写原则 ……………………………………… 102

7.2.2 规程标准化文件的结构 …………………………………………… 102

7.2.3 规程标准化文件要素的编写 ……………………………………… 103

7.3 规程标准化文件案例 …………………………………………………… 106

第8章 指南标准化文件的编写 ………………………………………………… 107

8.1 指南标准化文件概述 …………………………………………………… 107

8.2 指南标准化文件的编写方法 …………………………………………… 108

8.2.1 指南标准化文件的编写原则 ……………………………………… 108

8.2.2 指南标准化文件的结构 …………………………………………… 108

8.2.3 指南标准化文件的要素编写 ……………………………………… 109

8.3 指南标准化文件案例 …………………………………………………… 111

第9章 服务标准化文件的编写 ………………………………………………… 112

9.1 服务标准化文件概述 …………………………………………………… 112

9.2 服务标准化文件的编写要求 …………………………………………… 113

9.3 服务标准化文件的类别 ………………………………………………… 114

9.4 服务标准化文件的主要内容 …………………………………………… 114

9.4.1　服务基础标准的主要内容 ·· 114

9.4.2　服务提供标准的主要内容 ·· 115

9.4.3　服务评价标准的主要内容 ·· 118

9.5　服务标准化文件的编写方法 ·· 119

9.5.1　服务标准化文件的编写要求 ·· 119

9.5.2　服务标准化文件的结构 ·· 119

9.5.3　服务标准化文件的要素编写 ·· 120

9.6　服务标准化文件案例 ·· 121

第 10 章　分类与编码标准化文件的编写 ·· 122

10.1　分类与编码标准化文件概述 ·· 122

10.2　信息分类与编码的原则和方法 ·· 123

10.2.1　信息分类的基本原则与方法 ·· 123

10.2.2　信息编码的基本原则与方法 ·· 125

10.3　分类与编码标准化文件的结构 ·· 136

10.4　分类与编码标准化文件要素的编写 ······································ 137

10.4.1　分类与编码标准化文件名称的编写 ·································· 137

10.4.2　分类与编码标准化文件范围的编写 ·································· 138

10.5　分类与编码标准化文件案例 ·· 138

附录 A　虚拟现实（VR）激光雷达三维扫描相机通用技术规范 ·············· 139

附录 B　北清康灵®医疗器械消毒液有效成分测定 ························· 152

附录 C　室内儿童软体游乐设备安全技术规范 ··························· 158

附录 D　超高分子量聚乙烯浮标生产规程 ······························ 187

附录 E　区域性体验式应急安全宣教场馆建设指南 ······················ 193

附录 F　科技成果产业化评价服务 ···································· 199

附录 G　国际贸易方式代码 ··· 213

参考文献 ··· 216

第 1 章
标准的制修订程序

1.1 概述

自改革开放以来，我国的标准化事业得到了快速的发展，标准化水平持续提升、国际影响力显著增强、人们的标准化意识普遍提高、标准的应用范围不断扩大。尤其是最近几年，全社会参与标准编制活动的积极性比以往有了很大的提高。为了更好地引导和规范我国的标准化活动，使标准化工作者在编写标准化文件的过程中少走弯路或少犯错误，需要对标准的制修订程序、标准化文件的结构和起草规则，以及标准化文件的编写方法进行梳理和明确规定，以提高标准的编写质量。

1984 年 3 月 27 日，国家标准总局颁布了《采用国际标准管理办法》。这是我国标准化历史上的一个重要转折点，标志着我国将在标准化工作运行机制、标准的制修订程序、编写规则及方法上与 ISO/IEC 全面接轨，并在标准的内容上全面采用国际标准和国外先进标准。

《采用国际标准管理办法》规定，在标准的制修订程序上应与 ISO/IEC 标准的制修订程序一致，因此我们需要先研究一下 ISO/IEC 标准的制修订程序。

1.2 国际标准制修订程序的解析

1.2.1 国际标准的制修订程序

自 1984 年开始实施《采用国际标准管理办法》以来，我国采用的国际标准几乎占我国标准总量 70%，对我国国民经济和社会的快速发展起到了非常重要的作用。

在全面采用国际标准的过程中，首先要充分研究和借鉴国际上先进的标准化工作机制和管理机制，其次要学习借鉴国际上的标准化原理与方法。特别是《ISO/IEC 导则》，它是 ISO/IEC 的精髓，清晰地规定了 ISO/IEC 各机构的组织程序、运行程序和各种规则。目前，我国在标准化机构的组成、运行机制、标准的制修订程序和标准化文件编写规则上都参考了《ISO/IEC 导则》。

最新的《ISO/IEC 导则》由以下 9 个部分组成：

- 第 1 部分：技术工作程序。
- 第 2 部分：ISO 和 IEC 文件的结构和起草原则与规则。
- 补充部分：ISO 专用程序。
- 补充部分：IEC 专用程序。
- ISO/IEC/JTC1 技术工作程序。
- ISO 章程和议事规则。
- IEC 章程和议事规则。
- ISO/IEC 保护标准版权政策文件。
- ISO/IEC 标准化良好行为规范。

国际标准的制修订程序是在《ISO/IEC 导则 第 1 部分：技术工作程序》（后文简称《技术工作程序》）中规定的。《技术工作程序》规定技术委员会（TC）及其下属的分技术委员会（SC）的任务是：制定全新的国际标准、修订现行的国际标准。

ISO 标准有以下几种形式：

- IS：国际标准（正式国际标准）。
- TS：技术规范（在委员会内达成一致）。
- PAS：公用规范，在工作组内达成一致，同一技术内容可以有多个文件。
- TR：技术报告，包括与标准不同类型的信息。
- ITA：工业技术协议，通过公开研讨会，在特定成员团体支持下制定的标准化文件。

ISO/IEC 制修订国际标准通常需要 3 年。

图 1-1 是《技术工作程序》中给出的国际标准制修订程序的流程图。

根据《技术工作程序》国际标准制修订程序分为以下 7 个阶段：

- 预阶段：完成预工作项目（PWI）。
- 提案阶段：完成新工作项目提案（NP）。
- 准备阶段：完成工作草案（WD）。
- 委员会阶段：完成委员会草案（CD）。

Preliminary stage	Proposal stage	Preparatory stage	Committee stage	Enquiry stage	Approval stage	Publication stage
PWI	NWIP	WD	CD	DIS	FDIS	IS

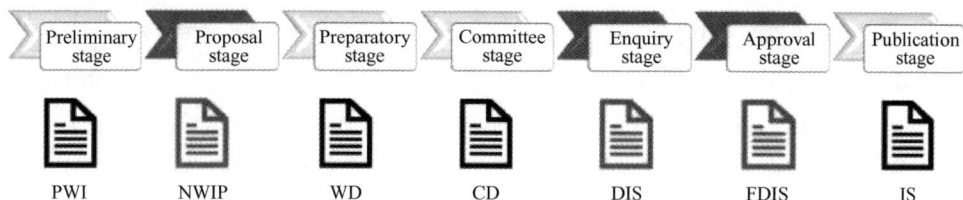

图 1-1　国际标准化文件制修订程序的流程图

- 询问阶段：完成询问草案（ISO 中的 DIS、IEC 中的 CDV）。
- 批准阶段：完成最终国际标准草案（FDIS）。
- 出版阶段：完成国际标准（IS）。

下面对国际标准制修订程序的 7 个阶段分别进行解析。

（1）预阶段（PWI）。

- 通过积极成员（P 成员）的简单多数表决，技术委员会（TC）或分技术委员会（SC）可将尚未完全成熟、不能进入下一阶段处理的预工作项目（如涉及新兴技术的项目）纳入工作计划中。
- 预工作项目仅意味着该项目可列入 TC 或 SC 工作计划，并没有正式立项。

（2）提案阶段（NP）。满足以下要求即可立项：

- 通过 TC 或 SC 的 P 成员的简单多数赞成。
- 具有 16 或以下 P 成员的 TC 或 SC 至少有 4 个 P 成员、具有 17 个或以上的 P 成员的 TC 或 SC 至少有 5 个 P 成员表示积极参与该项目的起草，如在准备阶段做出有效的贡献、提名专家对工作草案提出意见。统计时，仅计算同意将该项目列入工作计划的 P 成员，如果同意票中没有提名专家，则在判断是否满足项目通过条件时，国家成员体表示积极参与项目的投票将不被考虑。

（3）准备阶段（WD）。成立工作组（WG），并形成协商一致的准备阶段。

（4）委员会阶段（CD）。

- 委员会阶段是考虑国家成员体意见的主要阶段，旨在技术内容上达成一致，因此国家成员体应认真研究 TC 或 SC 的草案文本，并在本阶段提交所有的相关评论意见。
- 国家成员体对 TC 或 SC 对第一草案进行评论的时间应为 3 个月。
- TC 或 SC 在协商一致的原则基础上做出分发询问草案的决定。在 ISO 中，假如对协商一致有疑问，则只要参加投票的 TC 或 SC 的 2/3 的 P 成员同意，就可以认为该草案足以被接受，并作为询问草案予以登记。

（5）询问阶段（DIS）。

➲ ISO 中的 DIS 和 IEC 中的 CDV 应由 CEO 办公室分发给所有的国家成员体，IEC 进行为期 5 个月的投票，ISO 进行为期 3 个月的投票。

➲ 如果满足下列条件，询问草案则可通过：参加投票的 TC 或 SC 的 2/3 的 P 成员多数赞成；反对票不超过投票总数的 1/4。

➲ 计票时，弃权票以及未附有技术理由的反对票不计算在内。

（6）批准阶段（FDIS）。

➲ 在批准阶段，CEO 办公室应将最终的国际标准草案（FDIS）分发给所有的成员，进行为期 2 个月的投票。

➲ 如果满足下列要求，最终的国际标准草案则可通过：参加投票的 TC 或 SC 的 2/3 的 P 成员赞成；反对票不超过总数的 1/4。

（7）出版阶段（IS）。CEO 办公室应在 2 个月之内更正 TC 或 SC 秘书处指出的所有错误，并印刷和分发国际标准。

1.2.2 参与国际标准制修订应注意的问题

了解和掌握国际标准制修订程序对于我国的许多团体和机构积极参与国际标准的起草，在国际标准化工作中增加中国的话语权来说非常重要。对于那些想要参与国际标准制修订的团体和机构，除了要解上述 ISO/IEC 标准制修订程序，还需要进行以下的准备工作：

➲ 摸清拟申请制定的国际标准提案在 ISO 和 IEC 是否已有类似标准，属于哪一个 TC/SC，国内技术对口单位是谁；

➲ 填写国家标准化管理委员会的《国际标准提案申请表》和 ISO/IEC 的专用表格；

➲ 必须由国家标准化管理委员会统一向 ISO 和 IEC 提交各类表格。

国际标准提案的准备工作包括：

➲ 提案的名称、范围；

➲ 提案的目的和理由；

➲ 本国和其他相关国家或组织开展相应标准或法规的情况；

➲ 提案完整草案或者大纲。

1.3 我国标准的制修订程序的解析

在解析我国标准的制修订程序之前首先来了解一下我国标准化文件的组成。由于我国的体制与西方国家的体制有很大的不同，因此我国的标准化文件也与国际标准化文件在构成上有很大的区别。根据 2017 年颁布的《中华人民共和国标准化法》，我国的标准分为 5 级：国家标准、行业标准、地方标准、团体标准、企业标准。其中国家标准按照约束力的不同分为 3 种形式：强制性国家标准（GB）、推荐性国家标准（GB/T）、国家标准化指导性技术文件（GB/Z）。

我国自 1984 年开始实施《采用国际标准管理办法》后，在标准的制修订程序上基本参考了《技术工作程序》中规定的国际标准的制修订程序。《国家标准制定程序的阶段划分及代码》（GB/T 16733—1997）规定了我国国家标准的制修订程序，在该标准中，制修订国家标准分为 9 个阶段：预阶段、立项阶段、起草阶段、征求意见阶段、审查阶段、批准阶段、出版阶段、复审阶段、废止阶段。其中前 7 个阶段完全采用了《技术工作程序》中的国际标准的制修订程序，后两个阶段是结合了我国标准化工作的实际情况而增加的。该标准用于我国的强制性国家标准、推荐性国家标准以及国家标准化指导性技术文件的制修订工作。行业标准、地方标准、团体标准和企业标准的制修订程序可以参照其使用。

目前，我国已经完成了《标准化工作导则 第 2 部分：以 ISO/IEC 标准化文件为基础的标准化文件起草规则》（GB/T 1.2—2020），其目的是为标准的制修订工作确立可操作、可追溯、可证实的程序。

在我国的标准化活动中，国家标准的制修订工作通常都是按照 GB/T 16733—1997 给出的程序、由各标准化技术委员会和分技术委员会来进行的。各行业和地方标准的制修订通常也是按照 GB/T 16733—1997 给出的程序或本行业和地方制定的标准制修订程序来进行的。但是，目前我国团体标准或企业标准的制修订工作缺乏必要的标准制修订程序机制，这将导致标准的制修订盲目和无序，严重影响标准的质量。因此，建议各团体和企业标准化机构根据上面的解析制定各自的标准制修订程序。

1.4 标准制修订程序的应用流程

为了使用户更容易掌握和应用标准制修订程序，现将 GB/T 16733—1997 中

的 9 个阶段简化为目前比较实用的 7 个阶段（立项、起草、征求意见、审查、报
批、发布和复审），如图 1-2 所示。

标准制修订流程图		
标准管理部门	标准起草管理组	标准研制单位

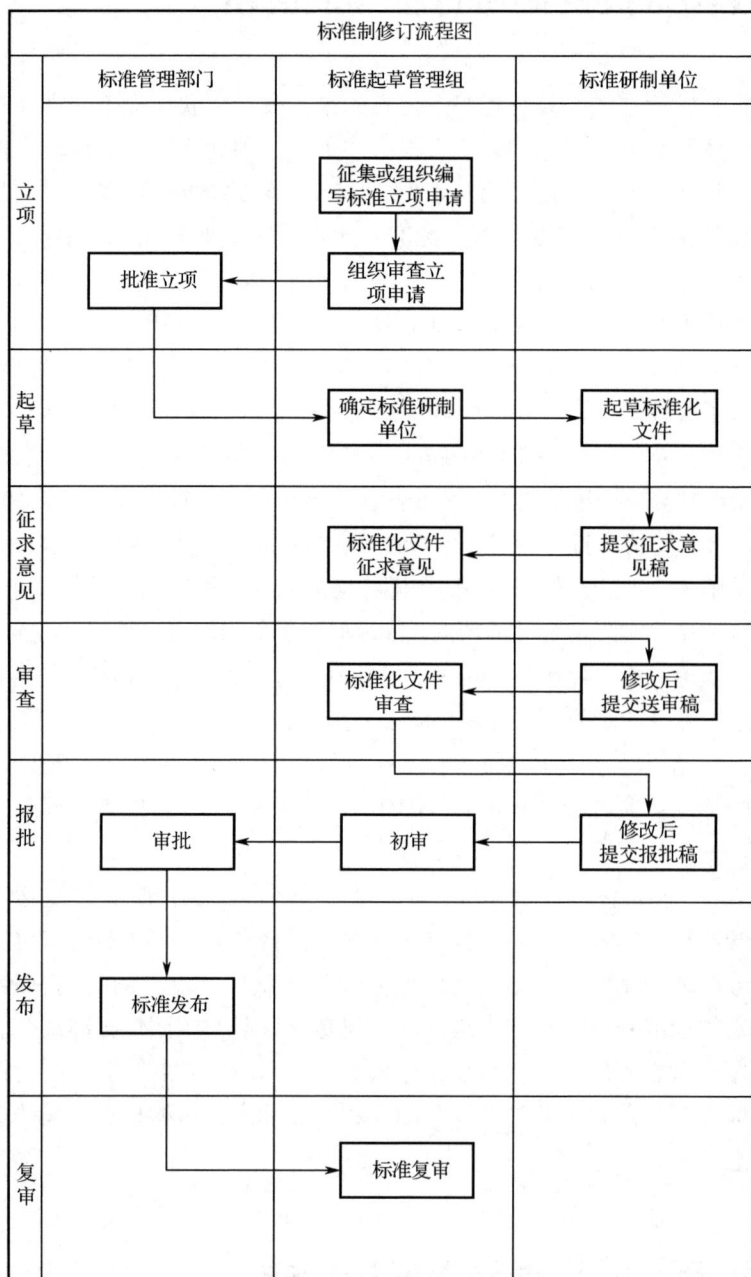

图 1-2　标准制修订程序的应用流程

　　图 1-2 所示的应用流程不仅适用于国家标准的制修订工作，同时也适用于行业标准和地方标准的制修订工作，团体标准和企业标准的管理者和起草者可以根据自身情况参考图 1-2 所示的应用流程。

　　标准化工作者在起草标准化文件时需要掌握以下 3 个要素：

　　➲ 标准的制修订程序。

　　➲ 标准化文件的结构和起草规则。

　　➲ 标准化文件的编写方法。

　　随着标准化工作者对上述 3 个要素越来越重视，未来我国参与国际标准的水平将不断提高，各级标准的质量也会得到较大的提升。

第 2 章
标准化文件的结构和起草规则解析

2.1 概述

正如前言中所述,标准是为了建立最佳秩序、促进共同效益而开展的制定标准并应用标准的活动。为了起草高质量的标准化文件,首先需要建立起完善的技术规则。为了做好这项工作,我国在 1958 年就发布了有关标准出版印刷规定的国家标准,即《标准幅面与格式 编写国家标准草案暂行办法》(GB 1—1958)。

1981 年,我国正式发布和实施了我国第一个关于标准起草和表述规则的国家标准,即《标准化工作导则 编写标准的一般规定》(GB/T 1.1—1981),这标志着我国在标准化文件起草上开始向规范化的方向迈进。

1984 年,国家标准总局颁布了《采用国际标准管理办法》,这标志着我国标准化工作在方向和策略上的重大转变,也为我国积极采用国际标准和加入 WTO 奠定了基础。根据《采用国际标准管理办法》的要求,我国的标准化工作开始与国际规则接轨,主要以《ISO/IEC 导则 第 2 部分:ISO 和 IEC 文件的结构和起草原则与规则》为参考,同时结合我国标准化工作的具体实际,对已经发布的 GB/T 1.1—1981 进行了修订。GB/T 1.1 系列标准伴随着《ISO/IEC 导则 第 2 部分:ISO 和 IEC 文件的结构和起草原则与规则》的修订而修订。

GB/T 1.1 系列标准在 1987 年进行了第 1 次修订,在 1993 年进行了第 2 次修订,在 2000 年进行了第 3 次修订,在 2009 年进行了第 4 次修订,在 2020 年进行了第 5 次修订。目前现行有效版本为《标准化工作导则 第 1 部分:标准化文件的结构和起草规则》(GB/T 1.1—2020)。

需要说明的是，在改革开放前和改革开放初期，我国在标准化机制和方法上长期受苏联计划经济机制以及"综合标准化方法理论"的影响，在标准化机制上长期采用苏联的机制，其最大特点就是没有自己的技术法规，而是通过使用强制标准来代替技术法规；在标准化方法理论上也采用了苏联使用的"综合标准化方法理论"。上述机制和理论是为计划经济服务的，无法满足我国社会主义市场经济的需求。为了与国际主流标准接轨，1984 年 3 月 27 日，国家标准总局颁布了《采用国际标准管理办法》。1991 年，苏联的加盟共和国（包括俄罗斯）都抛弃了苏联的计划经济机制和"综合标准化方法理论"。正是在这种大背景下，我国也开始全面与国际标准和国外先进标准接轨，摆脱旧的标准化方法。2023 年是实施《采用国际标准管理办法》的第 39 年，据统计在这 39 年中，我国采用的国际标准占我国标准总量的比例接近 70%，《采用国际标准管理办法》在国民经济和社会的发展中起到了非常积极的作用。

尽管我国在标准化工作的运行机制和标准制修订程序、规则、方法上尽可能与国际接轨，但我国的标准化体制上仍然遗留了很多计划经济时代的内容。在这里需要说明的是，虽然我国的 GB/T 1.1 系列标准在内容上紧盯《ISO/IEC 导则　第 2 部分：ISO 和 IEC 文件的结构和起草原则与规则》，但《ISO/IEC 导则》不属于 ISO 和 IEC 技术委员会制定并发布的标准化文件，它实际上是 ISO 和 IEC 进行标准化活动的一套组织和行动规则，ISO 和 IEC 的标准化活动都必须遵守这套规则。GB/T 1.1—2020 在前言中提到"本文件参考'ISO/IEC 导则，第 2 部分，2018，《ISO 和 IEC 文件的结构和起草的原则与规则》'起草，一致性程度为非等效"，这说明某项国家标准和所采用国际标准之间的关系是不存在的。

我国的 GB/T 是推荐性国家标准的标志，对于 GB/T 1.1—2020 来说，尽管国家为了体现其重要性而将其编号设为 1.1，但这无法改变其作为标准而不是法规的地位，尤其是在我国有强制性标准存在的情况下，作为推荐性标准，其地位被进一步弱化了。在 ISO 和 IEC 标准化活动中，相对"推荐"而言，《ISO/IEC 导则》中的各项规定都是"强制"的，即必须严格遵循的。

实际上，GB/T 1.1 系列标准应当作为国家标准化工作的法规来颁布，以确保所有国家标准的制修订程序都必须执行该系列标准的规定。对于我国的行业标准、地方标准、团体标准和企业标准等其他标准的制修订程序来说，应该在《行业标准管理办法》《地方标准管理办法》《团体标准管理规定（试行）》《企业标准管理办法》中规定相应的标准化文件的起草规则，并同时明确其与国家标准制修订程序之间的是一致性关系还是参考关系。

根据上面的描述可知，GB/T 1.1—2020 在我国的地位被严重弱化了，在实际的标准化文件编写过程中应当严格遵守 GB/T 1.1—2020 的规定，把它作为一项法规来执行。只有这样才能保证标准化文件的质量，避免在标准化活动中出现问题，确保国际交流和国际互认能够顺利开展，同时也可以减少因技术标准差异而引起的贸易纠纷。

和 GB/T 1.1—2009 相比，GB/T 1.1—2020 的内容更加完整、准确、适用，因此本章以 GB/T 1.1—2020 为主，对标准化文件中关键部分和疑难部分进行解析。

2.2 对标准化文件名称、前言以及引言的解析

2.2.1 对标准化文件名称的解析

GB/T 1.1—2020 将 GB/T 1.1—2009 的名称由《标准化工作导则 第 1 部分：标准的结构和编写》改为《标准化工作导则 第 1 部分：标准化文件的结构和起草规则》。这一改变更加明确了 GB/T 1.1—2020 是技术规则，而作为技术规则就意味着所有参与者应当遵守。GB/T 1.1—2020 的名称不仅与《ISO/IEC 导则 第 2 部分：ISO 和 IEC 文件的结构和起草原则与规则》的名称含义更加贴切，同时 GB/T 1.1—2020 也是对 GB/T 1.1—2009 的一次重大修正。在 GB/T 1.1—2009 实施期间要求标准化文件的制修订者必须在前言部分写上本标准（部分）按照 GB/T 1.1—2009 给出的规则起草，但 GB/T 1.1—2009 自己的名称没叫规则，这样导致逻辑不能自洽。因此，GB/T 1.1—2020 对名称的修改非常正确，也说明本标准的起草者充分意识到，要全面参与国际标准化活动就必须在规则上与国际规则一致，而不是自己另搞一套。

2.2.2 对前言的解析

GB/T 1.1—2020 在前言中一开始有这样的描述：

GB/T 1《标准化工作导则》与 GB/T 20000《标准化工作指南》、GB/T 20001《标准编写规则》、GB/T 20002《标准中特定内容的起草》、GB/T 20003《标准制定的特殊程序》和 GB/T 20004《团体标准化》共同构成支撑标准化文件制定工作的基础性国家标准体系。

其意思是支撑我国标准化文件制定工作的基础性国家标准由 GB/T 1、GB/T 20000、GB/T 20001、GB/T 20002、GB/T 20003 以及 GB/T 20004 系列标准组成。

因此，作为一名合格的标准化工作者不仅要掌握 GB/T 1，还要了解和掌握 GB/T 20000、GB/T 20001、GB/T 20002、GB/T 20003 和 GB/T 20004 等系列标准，并且将它们结合起来使用。

ISO/IEC 有两个最重要的文件，一个是《ISO/IEC 导则》，另一个是《ISO/IEC 指南》。最新的《ISO/IEC 导则》由 9 个部分组成，详见 1.2.1 节。前面提到，《ISO/IEC 导则　第 2 部分：ISO 和 IEC 文件的结构和起草原则与规则》是 GB/T 1.1—2020《标准化工作导则　第 1 部分：标准化文件的结构和起草规则》的重要依据。《ISO/IEC 指南》是 ISO/IEC 发布的最重要的技术方法性和指导性文件。到目前为止，ISO/IEC 共发布了 120 多个《ISO/IEC 指南》，为各种标准化文件的编写提供技术指导。我国的 GB/T 20000、GB/T 20001、GB/T 20002、GB/T 20003 和 GB/T 20004 等系列标准基本上都是等同、修改或参考《ISO/IEC 指南》的，因此在编写标准化文件时采用 GB/T 20000、GB/T 20001、GB/T 20002、GB/T 20003 和 GB/T 20004 等标准相当于采用国际标准或方法，这也相当于遵守了《中华人民共和国标准化法》和《采用国际标准管理办法》。

GB/T 1.1—2020 在前言中还给出了其与 GB/T 1.1—2009 相比的 25 处主要技术变化。对于曾经使用过 GB/T 1.1—2009 而现在正在使用 GB/T 1.1—2020 的读者来说，他们并不关注这些具体的技术变化，而是更关注有哪些重大变化以及它们的变化原因。下面给出了 14 个较大的变化：

（1）标准名称的变化。

（2）增加了"文件的类别"（第 4 章）。

（3）将 GB/T 1.1—2009 中的"总则"（第 4 章）改为 GB/T 1.1—2020 的"目标、原则和要求"（第 5 章）。

（4）将 GB/T 1.1—2009 中的"结构"（第 5 章）改为 GB/T 1.1—2020 中的"文件名称和结构"（第 6 章）。

（5）在 GB/T 1.1—2020 中增加了"层次的编写"（第 6 章）。

（6）将 GB/T 1.1—2009 中的"要素的起草"（第 6 章）改为 GB/T 1.1—2020 中的"要素的编写"（第 8 章）。

（7）将 GB/T 1.1—2009 中的"要素的表述"（第 7 章）改为 GB/T 1.1—2020 中的"要素的表述"（第 9 章）。

（8）删除 GB/T 1.1—2009 中的"其他规则"（第 8 章），将这部分内容纳入 GB/T 1.1—2020 中的"要素的表述"（第 9 章）。

（9）将 GB/T 1.1—2009 中的"编排格式"（第 9 章）改为 GB/T 1.1—2020 中的"编排格式"（第 10 章）。

（10）在 GB/T 1.1—2020 的"要素的编写"（第 8 章）中，将"规范性引用文件"与"术语和定义"这两部分内容由可选要素改为必备要素。

（11）在 GB/T 1.1—2020 的"要素的编写"（第 8 章）中增加了"总体原则和/或总体要求"。

（12）在 GB/T 1.1—2020 的"要素的编写"（第 8 章）中增加了"核心技术要素"，并将其规定为必备要素。

（13）在 GB/T 1.1—2020 的"要素的表述"（第 9 章）中增加了指示型条款和允许型条款。

（14）在 GB/T 1.1—2020 的"要素的表述"（第 9 章）中增加了常用词的使用。

在上述 14 个变化中，（1）是标准名称发生了变化；（2）到（10）是标准化文件中章名称和内容发生了变化；（11）到（14）是标准化文件中增加新的内容。

对于标准名称变化的原因已经在本节的开始处进行了解析，其他变化的原因将在后面对其内容解析时给出。

2.2.3　对引言的解析

GB/T 1.1—2020 在引言中有以下的描述：

GB/T 1 旨在确立普遍适用于标准化文件起草、制定和组织工作的准则，拟由三个部分构成。

——第 1 部分：标准化文件的结构和起草规则。目的在于确立适用于起草各类标准化文件需要遵守的总体原则和相关规则。

——第 2 部分：标准化文件的制定程序。目的在于为标准化文件的制定工作确立可操作、可追溯、可证实的程序。

——第 3 部分：标准化技术组织。目的在于为使标准化技术组织能够被各相关方广泛参与而确立组织的层次结构、规定组织的管理和运行要求。

这意味着 GB/T 1 系列标准由 3 个部分组成，目前 GB/T 1.1—2020 和 GB/T 1.2—2020 已经正式实施，标准化工作导则的第 3 部分的起草工作已经开始。GB/T 1 有可能还会随着社会的发展而增加新的部分。

2.3　对范围的解析

GB/T 1.1—2020 在范围中有以下这样规定：

本文件确立了标准化文件的结构及其起草的总体原则和要求，并规定了文件名称、层次、要素的编写和表述规则以及文件的编排格式。

本文件适用于国家、行业和地方标准化文件的起草,其他标准化文件的起草参照使用。

目前,我国的国家标准,包括国家强制性标准(GB)、国家推荐性标准(GB/T)、国家标准指导性技术文件(GB/Z)。国家标准都是按照 GB/T 1.1 系列标准的规定起草的,大部分行业标准、地方标准、团体标准和企业标准也都是按照 GB/T 1.1 系列标准的规定起草的。

但目前国内有些行业、地方、团体和企业的标准起草部门反映,由于 GB/T 1.1 系列标准的规定过于严格和详细,给他们在起草标准时带来了很大的麻烦。尤其是对于团体和企业标准的起草者,在起草各自的标准时不得不花费原本就非常有限的时间去学习 GB/T 1.1 系列标准中的那些烦琐的规定。这些反映有较大的合理性。下面介绍一下发达国家的做法。

发达国家发布实施的国家标准与 ISO、IEC、ITU 标准一样都是自愿性标准。对于国际上很多国家的标准化协会,如英国的标准化协会(BSI)、德国的标准化协会(DIN)、日本的标准化协会(JPS)和美国的标准化协会(ANSI),它们的做法是只要求国家标准按照《ISO/IEC 导则 第 2 部分:ISO 和 IEC 文件的结构和起草原则与规则》的规定起草;对于行业和企业标准不做规定。

但是我国的国情是完全不一样的,我国的标准化体制也有以下中国特色:

(1)我国的标准分级是世界上最独特的,完全是按照行政管理的级别来划分的。目前按照行政级别分为以下 5 级,即国家标准、行业标准、地方标准、团体标准和企业标准。

(2)我国分别为不同级别的标准化管理制定了各自的管理办法,即《国家标准管理办法》《行业标准管理办法》《地方标准管理办法》《团体标准管理规定(试行)》《企业标准管理办法》。

(3)我国的标准中没有技术法规。

(4)我国是使用强制性标准的国家。

正是上述特点构成了我国独特的标准化管理体制。由于我国的各级标准是按照行政级别划分的,因此管理部门为了管理方便就采用了大一统的方式,要求所有各级标准化文件的起草者都采用 GB/T 1.1 系列标准的规定。这种做法虽然方便了管理部门,但却给各级标准化文件的起草者带来了很大的挑战。更恰当的方法应该是各级标准化管理部门制定适合各自标准特点的起草规则。当然这些规则应在标准化文件的名称、结构、要素、核心技术要素以及要素的表述上尽可能参考 GB/T 1.1 系列标准,以确保各级标准的质量。

但是目前在各自级别的标准化文件起草规则没有出台之前,各级标准化文件的起草者还需要按照 GB/T 1.1—2020 给出的规则起草。这里需要说明的是，尽管目前有的行业、地方、团体以及企业在所起草的标准化文件前言中声称本标准化文件是按照 GB/T 1.1—2020 给出的规定起草的，而在实际起草的标准化文件中名称、结构、要素、核心技术要素以及要素的表述完全与 GB/T 1.1—2020 不符。导致所起草的标准质量低下，达不到标准应有的效果。这也就失去了标准的存在价值和意义，势必造成巨大的浪费和混乱。因此，行业标准、地方标准、团体标准以及企业标准的管理部门应当在起草标准化文件时按照前言所说的，真正按照 GB/T 1.1—2020 给出的规定去做。

2.4　对规范性引用文件和术语定义的解析

2.4.1　对规范性引用文件的解析

GB/T 1.1—2020 在规范性引用文件中有以下描述：

下列文件中的内容通过文中的规范性引用而构成本文件必不可少的条款。其中，注日期的引用文件，仅该日期对应的版本适用于本文件；不注日期的引用文件，其最新版本（包括所有的修改单）适用于本文件。

GB/T 321　优先数和优先数系

GB/T 3101　有关量、单位和符号的一般原则

GB/T 3102（所有部分）　量和单位

GB/T 7714　信息与文献　参考文献著录规则

GB/T 14559　变化量的符号和单位

GB/T 15834　标点符号用法

GB/T 15835　出版物上数字用法

GB/T 20000.1　标准化工作指南　第 1 部分：标准化和相关活动的通用术语

GB/T 20000.2　标准化工作指南　第 2 部分：采用国际标准

GB/T 20001（所有部分）　标准编写规则

GB/T 20002（所有部分）　标准中特定内容的起草

ISO 80000（所有部分）　量和单位（Quantities and units）

IEC 60027（所有部分）　电工技术用文字符号（Letter symbols to be used in electrical technology）

IEC 80000（所有部分）　量和单位（Quantities and units）

在规范性引用文件中给出的引导语采用了《ISO/IEC 导则》第 2 部分最新的引导语，与 GB/T 1.1—2009 的引导语相比有一些变化。GB/T 1.1—2020 的引导语给出了在本标准化文件中所有引用的最新版本的标准化文件，与 GB/T 1.1—2009 相比也出现了一些变化。GB/T 1.1—2020 将《ISO/IEC 导则》第 2 部分中规范性引用文件引导语的一部分作为本标准化文件的规范性引用文件的引导语。

2.4.2　对术语和定义的解析

GB/T 1.1—2020 在术语和定义中有以下描述：

GB/T 20000.1 界定的以及下列术语和定义适用于本文件。

3.1　文件

3.1.1

标准化文件　standardizing document

通过标准化活动制定的文件。

[来源：GB/T 20000.1—2014，5.2]

3.1.2

标准　standard

通过标准化活动，按照规定的程序经协商一致制定，为各种活动或其结果提供规则、指南或特性，供共同使用和重复使用的文件。

[来源：GB/T 20000.1—2014，5.3]

3.1.3

基础标准　basic standard

以相互理解为编制目的形成的具有广泛适用范围的标准。

注：通常包括术语标准、符号标准、分类标准、试验标准等。

3.1.4

通用标准　general standard

包含某个或多个特定领域普遍适用的条款的标准。

注：通用标准在其名称中常包含词语 "通用"，例如通用规范、通用技术要求等。

3.2　文件的结构

3.2.1

结构　structure

文件中层次、要素以及附录、图和表的位置和排列顺序。

3.2.2

　　正文　main body

　　从文件的范围到附录之前位于版心中的内容。

3.2.3

　　规范性要素　normative element

　　界定文件范围或设定条款的要素。

3.2.4

　　资料性要素　informative element

　　给出有助于文件的理解或使用的附加信息的要素。

3.2.5

　　必备要素　required element

　　在文件中必不可少的要素。

3.2.6

　　可选要素　optional element

　　在文件中存在与否取决于起草特定文件的具体需要的要素。

3.3　文件的表述

3.3.1

　　条款　provision

　　在文件中表达应用该文件需要遵守、符合、理解或作出选择的表述。

3.3.2

　　要求　requirement

　　表达声明符合该文件需要满足的客观可证实的准则，并且不准许存在偏差的条款。

3.3.3

　　指示　instruction

　　表达需要履行的行动的条款（3.3.1）。

　　[来源：GB/T 20000.1—2014，9.3，有修改]

3.3.4

　　推荐　recommendation

　　表达建议或指导的条款（3.3.1）。

　　[来源：GB/T 20000.1—2014，9.4]

3.3.5

　　允许　permission

　　表达同意或许可（或有条件）去做某事的条款（3.3.1）。

3.3.6

陈述　statement

阐述事实或表达信息的条款（3.3.1）。

[来源：GB/T 20000.1—2014，9.2，有修改]

3.3.7

条文　text

由条或段表述文件要素内容所用的文字和/或文字符号。

GB/T 1.1—2020 在术语和定义中给出的引导语与 GB/T 1.1—2009 的引导语相比有一些变化，给出的术语和定义部分采用了最新版本的《ISO/IEC 导则》第 2 部分中给出的术语和定义。与 GB/T 1.1—2009 相比，GB/T 1.1—2020 出现了较大的变化，因此 GB/T 1.1—2020 的使用者一定要注意该标准与 GB/T 1.1—2009 在术语上的变化，尤其是术语中定义的变化。同时也应注意 GB/T 1.1—2020 与 GB/T 20000.1—2014 对于相同术语的解释有的会出现不一致。由于 GB/T 20000.1—2014 的版本已经非常老了，需要修订，因此在遇到相同术语出现不同解释时应以 GB/T 1.1—2020 的术语为准。

2.5　对文件类别的解析

GB/T 1.1—2020 在文件类别中描述如下：

标准化文件的数量众多，范围广泛，根据不同的属性可以将文件归为不同的类别。我国的标准化文件包括标准化文件、标准化指导性技术文件，以及文件的某个部分等类别。国际标准通常包括标准、技术规范（TS）、可公开提供规范（PAS）、技术报告（TR）、指南（Guide），以及文件的某个部分等类别。

确认标准化文件的类别能够帮助起草者起草适用性更好的标准化文件。按照不同的属性可以将标准化文件划分为不同的类别。

a）按照标准化对象可以将标准化文件划分为诸如以下对象类别：

● 产品标准，规定产品需要满足的要求以保证其适用性的标准；

● 过程标准，规定过程需要满足的要求以保证其适用性的标准；

● 服务标准，规定服务需要满足的要求以保证其适用性的标准。

b）按照标准化文件内容的功能可以将标准化文件划分为诸如以下功能类型：

● 术语标准：界定特定领域或学科中使用的概念的指称及其定义的标准；

● 符号标准：界定特定领域或学科中使用的符号的表现形式及其含义或

名称的标准;

- 分类标准: 基于诸如来源、构成、性能或用途等相似特性对产品、过程或服务进行有规律的划分、排列或者确立分类体系的标准;
- 试验标准: 在适合指定目的的精密度范围内和给定环境下,全面描述试验活动以及得出结论的方式的标准;
- 规范标准: 为产品、过程或服务规定需要满足的要求并且描述用于判定该要求是否得到满足的证实方法的标准;
- 规程标准: 为活动的过程规定明确的程序并且描述用于判定该程序是否得到履行的追溯/证实方法的标准;
- 指南标准: 以适当的背景知识提供某主题的普遍性、原则性、方向性的指导,或者同时给出相关建议或信息的标准。

GB/T 1.1—2020 增加了"文件的类别"(第 4 章),这是它与 GB/T 1.1—2009 在结构上的最大变化。之所以增加"文件的类别",是因为经过 10 多年的观察发现标准化文件的起草者在自主起草标准化文件时对于如何确定标准化文件的结构,以及如何挑选标准化文件中的要素非常盲目,这导致所编写的标准化文件的质量严重下降。增加"文件的类别"正是对过去工作的一个调整。

在过去,ISO 将标准按业务属性分为技术标准和管理标准两大类。对需要协调统一的技术事项所制定的标准统称技术标准,技术标准包括技术基础标准、产品标准、生产工艺标准、检测试验标准,以及安全、卫生、环保标准等。对需要协调统一的管理事项所制定的标准统称管理标准,制定管理标准是为了合理组织、利用和发展生产力,正确处理生产、交换、分配和消费中的相互关系,以及科学地行使计划、监督、指挥、调整、控制等行政与管理机构的职能。ISO 规定,凡是不属于管理标准的一律属于技术标准。我国在 1989 年颁布的《中华人民共和国标准化法》中规定我国的国家标准分为技术标准、管理标准和工作标准三大类。

进入 21 世纪后,ISO 逐渐开始按照标准化对象对标准进行分类,将标准分成产品标准、过程标准和服务标准三大类。为了在进行标准化工作时能明确地标识标准所属领域,以及区分不同标准的类型。ISO 又按照标准内容功能分类进行分类,将标准分为术语、符号、分类、试验方法、规范、规程、指南、产品、过程、服务等类型,这样在研制标准时就可根据将要起草标准化文件的类型选择标准化文件的要素,因为同类型的标准化文件的要素是大致相同的,这样就可以避免在起草标准化文件时由于要素选择不当而导致严重错误。

2017 年我国颁布了修订后的《中华人民共和国标准化法》,不再对标准的分类进行规定,这样就为我国在标准在分类上与国际接轨铺平了道路。目前,我国标准在大的分类上既可以采用技术标准、管理标准和工作标准这样的分类,也可以采用产品标准、过程标准和服务标准这样的分类，但在起草标准化文件时一定要采用将标准分为**术语、符号、分类、试验方法、规范、规程、指南、产品、过程、服务等具体类型**这样的分类。在 GB/T 1.1—2020 中对标准化文件的结构中规定了一种必备要素，即核心技术要素。不同类型的标准有不同的核心技术要素，而相同类型的标准具有相同的核心技术要素。这样在起草标准化文件时就不会再像过去那样在要素的选择上出现混乱，同时也可以大大提高标准化文件的质量。

在 GB/T 1.1—2020 中增加"文件的类别"，实际上是在告诉标准化文件起草者编写标准化文件的路径。只要沿着这条路径就能实现标准化文件的编写。通常，标准化文件起草者可以通过标准的名称知道要制定的标准的类型，这些类型通常就是 GB/T 20001 系列标准中给出的 8 大类标准，即术语类标准、符号类标准、分类类标准、试验方法类标准、规范类标准、规程类标准、指南类标准、产品类标准。这里试验方法类标准只是技术方法类标准的一种。方法类标准可以分为技术方法类标准、管理方法类标准和服务方法类标准。规范类标准可以分为技术规范类标准、管理规范类标准和服务规范类标准。规程类标准可以分为技术规程类标准、管理规程类标准和服务规程类标准。指南类标准可以分为技术指南类标准、管理指南类标准和服务指南类标准。这种分类几乎覆盖了目前绝大部分的标准，而每类标准都有自己的编写方法和核心技术要素，按照这条路径编写的标准化文件就不会出现较大的错误。因此，标准的类型是仅比标准名称略微次要的一个关键内容。

2.6　对目标、原则和要求的解析

2.6.1　概述

GB/T 1.1—2020 将 GB/T 1.1—2009 中的"总则"（第 4 章）改为"目标、原则和要求"（第 5 章），修改后的 GB/T 1.1—2020 和 GB/T 1.1—2009 相比更加简明、具体、适用。首先，关于目标的表述简练、明确、具体；其次，总体原则的表述与目标紧密衔接，为后面具体的有针对性的原则做了铺垫；最后，总体要求为标准化文件的起草者指明了起草标准化文件的具体要求和方法。

2.6.2 对目标和总体原则的解析

GB/T 1.1—2020 在目标中有以下描述：

编制文件的目标是通过规定清楚、准确和无歧义的条款，使得文件能够为未来技术发展提供框架，并被未参加文件编制的专业人员所理解且易于应用，从而促进贸易、交流以及技术合作。

这里的"使得文件能够为未来技术发展提供框架"值得商榷，**因为标准通常是技术成熟后规模化生产前的产物**，尤其是产品标准、试验方法标准以及一些基础标准（如术语标准、符号标准、分类编码标准等）。

为了实现上述目标，需要标准化文件的起草者不仅要掌握 GB/T 1.1—2020 给出的规则，还要掌握标准化文件的编写方法（将在本书第 3 章解析），在编写标准化文件时遵守 GB/T 1.1—2020 给出的规则，同时灵活运用标准化文件的编写方法。

GB/T 1.1—2020 在总体原则中有以下描述：

为了达到上述目标，起草文件时宜遵守以下总体原则：充分考虑最新技术水平和当前市场情况，认真分析所涉及领域的标准化需求；在准确把握标准化对象、文件使用者和文件编制目的的基础上，明确文件的类别和/或功能类型，选择和确定文件的规范性要素，合理设置和编写文件的层次和要素，准确表达文件的技术内容。

GB/T 1.1—2020 在总体原则中建议在起草标准化文件之前要充分做好标准化需求分析，在进行标准化需求分析时首先要进行标准化的现状分析，现状分析包括现行国际和国内标准分析。

不同等级的标准化现状分析的要求也不一样。

对于国家标准的标准化需求分析而言，国际标准化现状分析和研究主要包括现有的 ISO 相关标准、IEC 相关标准、ITU 相关标准，以及 ISO 认可的 48 个国际组织的相关标准；国内标准化现状分析主要包括现有的相关国家标准和行业标准。如果要制定强制性国家标准，不仅要对国家的实际情况进行需求分析，还有对国际上的技术法规进行分析，包括先进国家的技术法规。

对于行业标准的标准化需求分析而言，先要分析国际标准化现状，主要包括现有的 ISO 相关标准、IEC 相关标准、ITU 相关标准、ISO 认可的 48 个国际组织的相关标准，以及先进国家的行业协会标准；国内标准化现状分析主要包括现有的相关国家标准、相关行业标准，以及应用良好的相关团体标准和企业标准。

对于团体标准的标准化需求分析而言，国际标准化现状分析和研究主要包括现有的 ISO 相关标准、IEC 相关标准、ITU 相关标准，以及先进国家的行业协会标准；国内标准化现状分析主要包括现有的相关国家标准、行业标准，以及应用良好的团体标准和企业标准。

对于企业标准的标准化需求分析而言，国际标准化现状分析和研究主要包括现有的 ISO 相关标准、IEC 相关标准、ITU 相关标准，以及先进国家的行业协会标准和企业标准；国内标准化现状分析主要包括现有的相关国家标准、行业标准，以及应用良好的团体标准和企业标准。

需求分析通常是以问卷方式进行的，问卷的对象根据标准等级的不同而不同。例如，在企业标准进行标准化需求分析时，通常针对企业所涉及的相关方、顾客、企业所有者、股东、企业员工、供方与合作伙伴等方面。通过问卷方式获得真实的标准化需求，也就是标准化的对象后，再结合标准化现状分析进行策划、制定标准化需求方案。

2.6.3　对文件编制成整体或分为部分原则的解析

GB/T 1.1—2020 在文件编制成整体或分为部分原则中有以下描述：

针对一个标准化对象通常宜编制成一个无需细分的整体文件，在特殊情况下可编制成分为若干部分的文件。在综合考虑下列情况后，针对一个标准化对象可能需要编制成若干部分：

a）文件篇幅过长；

b）文件使用者需求不同，例如生产方、供应方、采购方、检测机构、认证机构、立法机构、管理机构等；

c）文件编制目的不同，例如保证可用性，便于接口、互换、兼容或相互配合，利于品种控制，保障健康、安全，保护环境或促进资源合理利用，以及促进相互理解和交流等。

通常，适用于范围广泛的通用标准化对象的内容宜编制成一个整体文件；适用于范围较窄的标准化对象的通用内容宜编制成分为若干部分的文件的通用部分；适用于范围单一的标准化对象的具体内容不宜编制成一个整体文件或分为若干部分的文件的某个部分，仅适于编写成文件中的相关要素。

例如，对于试验方法，适用于广泛的产品，编制成试验标准；适用于某类产品，编制成分为若干部分的文件的试验方法部分；适用于某产品的具体特性的测试，编写成产品标准中的"试验方法"要素。

在开始起草文件之前宜考虑并确立：

——文件拟分为部分的原因以及文件分为部分后各部分之间的关系；

——分为部分的文件中预期的每个部分的名称和范围。

GB/T 1.1—2020 在对文件编制成整体或分为部分原则中，建议标准化文件的起草者首先要对标准化文件的名称进行策划。具体的策划活动先从策划名称的原则开始，然后策划要素的选择原则以及要素的表述原则。

根据标准化对象的具体情况，按照上述原则来确定将要编写的标准化文件是一个独立的标准化文件还是一个由若干部分组成的标准化文件。一定要注意什么情况宜编制成一个独立的标准化文件，什么情况宜编制成若干部分组成的标准化文件，还应当注意什么情况不宜编制成一个独立的标准化文件或若干部分组成的标准化文件，只宜编制成标准化文件中的某个要素。如果确定标准化对象为若干部分组成的标准化文件，还要策划好每个部分的名称和范围，以及各部分之间的关系。

2.6.4　对规范性要素的选择原则的解析

GB/T 1.1—2020 在规范性要素的选择原则中有以下描述：

5.3.1　标准化对象原则

标准化对象原则是指起草文件时需要考虑标准化对象或领域的相关内容，以便确认拟标准化的是产品/系统、过程或服务，还是与某领域相关的内容；是完整的标准化对象，还是标准化对象的某个方面，从而确保规范性要素中的内容与标准化对象或领域紧密相关。标准化对象决定着起草的标准的对象类别，它直接影响文件的规范性要素的构成及其技术内容的选取。

5.3.2　文件使用者原则

文件使用者原则是指起草文件时需要考虑文件使用者，以便确认文件针对的是哪一方面的使用者，他们关注的是结果还是过程，从而保证规范性要素中的内容是特定使用者所需要的。文件使用者不同，会对将文件确定为规范标准、规程标准或试验标准等产生影响，进而文件的规范性要素的构成及其内容的选取就会不同。

5.3.3　目的导向原则

目的导向原则是指起草文件时需要考虑文件编制目的，并以确认的编制目的为导向，对标准化对象进行功能分析，识别出文件中拟标准化的内容或特性，从而确保规范性要素中的内容是为了实现编制目的而选取的。文件编制目的决定着标准的目的类别。编制目的不同，规范性要素中需要标准化的内容或特性就不同；

编制目的越多，选取的内容或特性就越多。

GB/T 1.1—2020 在对规范性要素的选择原则中，建议标准化文件的起草者首先考虑标准化对象，确认将要进行标准化的对象是产品还是系统，是过程还是服务，或者是与某个领域相关的内容，是完整的标准化对象还是标准化对象的某个方面。只有充分分析了标准化对象才能确定将要编制的标准类别，从而确定标准化文件要素的构成以及技术内容的构成。因此，标准化对象原则将确保标准化文件起草者在充分研究分析标准化对象之后确定标准的名称和类别，确保标准化文件名称、要素以及内容的准确性。

GB/T 1.1—2020 在对规范性要素的选择原则中，建议标准化文件的起草者在考虑完标准化对象之后要考虑标准的使用者，他们关注的是结果还是过程，从而确定标准的类别是规范标准化文件、还是规程标准化文件，或者试验方法标准等。因此，文件使用者原则将确保标准化文件起草者在确定标准化文件的类别时的准确性，满足用户的需求。

GB/T 1.1—2020 在对规范性要素的选择原则中，建议标准化文件的起草者在首先考虑标准化对象，然后考虑标准的使用者，最后考虑编制标准化文件的目的。因为标准化文件的编制目的决定着标准的类别。编制目的不同，规范性要素中需要标准化的内容或特性就不同；编制目的越多，选取的内容或特性就越多。

总之，在选择规范性要素时，标准化文件的起草者宜将标准化对象原则、文件使用者原则以及目的导向原则结合起来使用。

2.6.5　对文件的表述原则的解析

GB/T 1.1—2020 在文件的表述原则中有以下描述：

5.4.1　一致性原则

每个文件内或分为部分的文件各部分之间，其结构以及要素的表述宜保持一致，为此：

——相同的条款宜使用相同的用语，类似的条款宜使用类似的用语；

——同一个概念宜使用同一个术语，避免使用同义词；

——相似内容的要素的标题和编号宜尽可能相同。

5.4.2　协调性原则

起草的文件与现行有效的文件之间宜相互协调，避免重复和不必要的差异，为此：

——针对一个标准化对象的规定宜尽可能集中在一个文件中；

——通用的内容宜规定在一个文件中，形成通用标准化文件或通用部分；

——文件的起草宜遵守基础标准和领域内通用标准的规定，如有适用的国际文件宜尽可能采用；

——需要使用文件自身其他位置的内容或其他文件中的内容时，宜采取引用或提示的表述形式。

5.4.3 易用性原则

文件内容的表述宜便于直接应用，并且易于被其他文件引用或剪裁使用。

GB/T 1.1—2020 在对文件的表述原则中，建议在起草标准化文件时宜首先注意内容的一致性，然后注意内容的协调性，最后还要注意内容的易用性。这里一致性指的是每个文件内或分为部分的文件各部分之间，其结构以及要素的表述保持一致，即相同的条款使用相同的用语，类似的条款使用类似的用语，同一个概念宜使用同一个术语，避免使用同义词，相似内容的要素的标题和编号尽可能相同。

协调性通常指起草的文件与现行有效的文件之间宜相互协调，避免重复和不必要的差异，即针对一个标准化对象的规定宜尽可能集中在一个文件中，通用的内容宜规定在一个通用标准化文件或通用部分中，如有适用的国际文件宜尽可能采用，需要使用文件自身其他位置的内容或其他文件中的内容时，宜采取引用或提示的表述形式。

易用性通常指标准化文件的所表述的内容容易被使用或引用。

2.6.6　对总体要求的解析

GB/T 1.1—2020 在总体要求中有以下描述：

5.5.1　起草文件时应在选择规范性要素的基础上确定文件的预计结构和内在关系。

5.5.2　为了提高文件的适用性和应用效率，确保文件的及时发布，编制工作各阶段的文件草案在符合本文件规定的起草规则的基础上：

——不同功能类型标准化文件应符合 GB/T 20001 相应部分的规定；

——文件中某些特定内容应符合 GB/T 20002 相应部分的规定；

——与国际文件有一致性对应关系的我国文件应符合 GB/T 20000.2 的规定。

5.5.3　文件中不应规定诸如索赔、担保、费用结算等合同要求，也不应规定诸如行政管理措施、法律责任、罚则等法律法规要求。

GB/T 1.1—2020 在总体要求中规定标准化文件的起草者应首先确定标准名称和类别，然后确定标准化文件的结构和要素。标准化文件的结构和要素一定要按照 GB/T 20001 系列标准中不同类别对标准化文件的结构和要素的规定来确定，标准化文件的结构和要素的具体内容要按照 GB/T 20001 系列标准中每类标准化文件给出的方法来编写。目前 GB/T 20001 系列标准主要由以下 8 个部分组成：

- ➲ 标准编写规则　第 1 部分：术语（GB/T 20001.1—2001）；
- ➲ 标准编写规则　第 2 部分：符号标准（GB/T 20001.2—2015）；
- ➲ 标准编写规则　第 3 部分：分类标准（GB/T 20001.3—2015）；
- ➲ 标准编写规则　第 4 部分：试验方法标准（GB/T 20001.4—2015）；
- ➲ 标准编写规则　第 5 部分：规范标准（GB/T 20001.5—2017）；
- ➲ 标准编写规则　第 6 部分：规程标准（GB/T 20001.6—2017）；
- ➲ 标准编写规则　第 7 部分：指南标准（GB/T 20001.7—2017）；
- ➲ 标准编写规则　第 10 部分：产品标准（GB/T 20001.10—2014）。

GB/T 1.1—2020 在总体要求中还规定了对于标准化文件中某些特定内容应符合 GB/T 20002 系列标准中相应的规定。目前 GB/T 20002 系列标准主要由以下 4 个部分组成：

- ➲ 标准中特定内容的起草　第 1 部分：儿童安全（GB/T 20002.1—2008）；
- ➲ 标准中特定内容的起草　第 2 部分：老年人和残疾人的需求（GB/T 20002.2—2008）；
- ➲ 标准中特定内容的起草　第 3 部分：产品标准中涉及环境的内容（GB/T 20002.3—2014）；
- ➲ 标准中特定内容的起草　第 4 部分：标准中涉及安全的内容（GB/T 20002.4—2015）。

凡是在起草的标准化文件涉及上述 4 个部分给出的内容时，应按照这些标准给出的方法编写。

对于采用国际标准的情况，GB/T 1.1—2020 在总体要求中规定应按照《标准化工作指南　第 2 部分：采用国际标准》（GB/T 20000.2—2009）中给出的方法编写。

GB/T 1.1—2020 在总体要求还特别规定了标准化文件中不能规定诸如索赔、担保、费用结算等合同要求，也不应规定诸如行政管理措施、法律责任、罚则等法律法规要求。

2.7 对文件名称和结构的解析

2.7.1 概述

GB/T 1.1—2020 将 GB/T 1.1—2009 中的"结构"（第 5 章）改为"文件名称和结构"（第 6 章），将 GB/T 1.1—2009 中的"标准名称"（6.2.1 节）调整到"文件名称"（6.1 节），并详细规定了标准化文件名称的构成、可选元素的选择以及词语的选择。之所以这么修改，是因为在过去的标准化工作中很多标准都是由于名称不正确或不准确，导致标准化文件的结构、要素以及表述不正确或不准确。确定准确的名称对于标准化文件起草者来说是最为重要的环节。标准化文件名称的错误将导致整个标准的不正确，因此 GB/T 1.1—2020 将标准化文件名称作为标准编写最重要的一个环节进行规定。

在确定标准化文件名称时要结合标准化的目标和原则，以及标准的类型，进行科学的需求分析并确定标准化对象。准确的名称能让标准化文件的起草者和读者轻松地看出该标准属于什么类型，这样就能轻松地根据 GB/T 20001 系列标准来确定标准的要素，尤其是核心技术要素，以及文件各要素的表述条款，从而保证标准的正确性和准确性。

GB/T 1.1—2020 将 GB/T 1.1—2009 的"结构"中关于层次划分的内容专门作为"层次的编写"（第 7 章），本节主要对文件名称和结构进行解析。

2.7.2 对文件名称的解析

2.7.2.1 对通则的解析

GB/T 1.1—2020 通过通则、可选元素的选择以及词语的选择来规定文件名称，在通则中有以下描述：

文件名称是对文件所覆盖的主题的清晰、简明的描述。任何文件均应有文件名称，并应置于封面中和正文首页的最上方。

文件名称的表述应使得某文件易于与其他文件相区分，不应涉及不必要的细节，任何必要的补充说明由范围给出。

文件名称由尽可能短的几种元素组成，其顺序由一般到特殊。所使用的元素应不多于以下三种：

a）引导元素：为可选元素，表示文件所属的领域；

b）主体元素：为必备元素，表示上述领域内文件所涉及的标准化对象；

c）补充元素：为可选元素，表示上述标准化对象的特殊方面，或者给出某文件与其他文件，或分为若干部分的文件的各部分之间的区分信息。

GB/T 1.1—2020 规定标准化文件名称由引导元素、主体元素和补充元素三部分组成。在这里一定要注意，主体元素是必备元素，也是最重要的元素；其他两个元素都是可选的，根据实际情况确定是否需要。大部分单独的标准化文件没有引导元素和补充元素。对于什么情况需要引导元素和补充元素，要根据下面的规定，同时结合 GB/T 1.1—2020 的第 5 章来进行分析，尤其是"文件编制成整体或分为部分的原则"（5.2 节）进行分析。

2.7.2.2　对可选元素的选择的解析

GB/T 1.1—2020 在对可选元素的选择中有以下描述：

6.1.2.1　引导元素

6.1.2.1.1　如果省略引导元素会导致主体元素所表示的标准化对象不明确，那么文件名称中应有引导元素。

示例：

正　　确：农业机械和设备　散装物料机械　技术规范

不正确：　　　　　　　　散装物料机械　技术规范

在适用的情况下，可将归口该文件的技术委员会的名称作为引导元素。

6.1.2.1.2　如果主体元素（或者同补充元素一起）能确切地表示文件所涉及的标准化对象，那么文件名称中应省略引导元素。

示例：

正　　确：　　　　　　工业用过硼酸钠　堆积密度测定

不正确：化学品　工业用过硼酸钠　堆积密度测定

6.1.2.2　补充元素

如果文件只包含主体元素所表示的标准化对象的：

a）一个或两个方面，那么文件名称中应有补充元素，以便指出所涉及的具体方面；

b）两个以上但不是全部方面，那么在文件名称的补充元素中应由一般性的词语（例如技术要求、技术规范等）来概括这些方面，而不必一一列举；

c）所有必要的方面，并且是与该标准化对象相关的惟一现行文件，那么文件名称中应省略补充元素。

示例：

正　确：咖啡研磨机

不正确：咖啡研磨机　术语、符号、材料、尺寸、机械性能、额定值、试验方法、包装

6.1.3　避免限制文件的范围

文件名称宜避免包含无意中限制文件范围的细节。然而，当文件仅涉及一种特定类型的产品/系统、过程或服务时，应在文件名称中反映出来。

上面的规定对引导元素和补充元素的描述非常清晰且有示例帮助理解，在此就不进一步解析了。需要提醒的是，既然要避免标准化文件名称无意中限制标准的范围，又要反映出特定类型的产品/系统、过程或服务，这就需要在确定标准化文件的名称时反复进行权衡，以确保它既能反映标准化需求，又在类别和范围上准确无误。

2.7.2.3　对词语选择的解析

GB/T 1.1—2020 在对词语选择中有以下描述：

6.1.4.1　文件名称不必描述文件作为"标准"或"标准化指导性技术文件"的类别，不应包含"……标准""……国家标准""……行业标准"或"……标准化指导性技术文件"等词语。

6.1.4.2　除了符合 6.1.2.2c）规定的情况外，不同功能类型标准的名称的补充元素或主体元素中应含有表示标准功能类型的词语，所用词语及其英文译名宜从表 1 中选取。

表 1　文件名称中表示标准功能类型的词语及其英文译名

标准功能类型	名称中的词语	英文译名
术语标准	术语	vocabulary
符号标准	符号、图形符号、标志	symbol, graphical symbol, sign
分类标准	分类、编码	classification, coding
试验标准	试验方法、……的测定	test method, determination of...
规范标准	规范	specification
规程标准	规程	code of practice
指南标准	指南	guidance, guidelines

在这里应当强调的是，对词语选择中的规定只提到了国家标准的情况，而对

于广大的行业标准、地方标准、团体标准和企业标准而言也同样适用,因此在其他各级标准化文件名称中同样不要出现标准的字样。确定标准化文件名称是标准化文件编写中最重要的环节,需要进行科学的需求分析。在确定标准化文件名称时一定要与标准化文件的类别关联起来,所确定的名称能够准确地确定标准化文件的类别,这样就能保证标准化文件的结构、要素、表述以及内容的准确性。同样对于规定中提到的上述标准,在标准化文件名称的词语和英文译名一定要和GB/T 1.1—2020 中的表 1 一致。

GB/T 1.1—2020 将"文件名称和结构"作为第 5 章,说明了对标准名称的重视。在 GB/T 1.1—2020 开始实施之前,起草非采标标准的错误率极高。在很多情况下,都是因为名称含糊不清导致整个标准化文件从名称到结构、要素都出现了错误。正是吸取了过去的教训才将标准化文件名称作为重点环节来规定。如果通过标准化文件名称无法确定标准化文件的类别,那么这个名称通常会有问题。问题通常发生在所确定的标准化对象错误或者标准化的切入点错误,此时需要重新进行标准化需求分析,重新确定标准化的对象或切入点,因此标准化文件的起草者在确定标准化文件名称时一定要结合标准化需求分析,同时还要结合 GB/T 1.1—2020 中的"目标、原则以及要求"(第 5 章),另外还要把标准化文件的类别结合起来考虑。

2.7.3 对结构的解析

2.7.3.1 对层次的解析

GB/T 1.1—2020 在层次中有以下描述:

按照文件内容的从属关系,可以将文件划分为若干层次。文件可能具有的层次见表 2。

表 2 层次及其编号

层次	编号示例
部分	××××.1
章	5
条	5.1
条	5.1.1
段	[无编号]
列项	列项符号:"——"和"●";列项编号:a)、b)和1)、2)

上面规定的标准化文件既包括单独标准化文件，也包括分成部分形式的标准化文件。对于单独标准化文件，其层次应理解为表 2-1 所示的形式。

表 2-1　单独标准化文件的层次及其编号

层次	编号示例
章	5
条	5.1
条	5.1.1
段	[无编号]
列项	列项符号："——"和"●"；列项编号：a）、b）和 1）、2）

对于分成部分形式的标准化文件，其层次应理解为表 2-2 的形式。

表 2-2　分成部分形式的标准化文件的层次及其编号

层次	编号示例
部分	××××.1
章	5
条	5.1
条	5.1.1
段	[无编号]
列项	列项符号："——"和"●"；列项编号：a）、b）和 1）、2）

2.7.3.2　对要素的解析

GB/T 1.1—2020 在要素中有以下描述：

6.2.2.1　要素的分类

按照功能，可以将文件内容划分为相对独立的功能单元——要素。从不同的维度，可以将要素分为不同的类别。

　　a）按照要素所起的作用，可分为：
　　　　● 规范性要素，
　　　　● 资料性要素。
　　b）按照要素存在的状态，可分为：
　　　　● 必备要素，
　　　　● 可选要素。

6.2.2.2　要素的构成和表述

要素的内容由条款和/或附加信息构成。规范性要素主要由条款构成，还可包括少量附加信息；资料性要素由附加信息构成。

构成要素的条款或附加信息通常的表述形式为条文。当需要使用文件自身其他位置的内容或其他文件中的内容时，可在文件中采取"引用"和"提示"的表述形式。为了便于文件结构的安排和内容的理解，有些条文需要采取附录、图、表、数学公式等表述形式。

表3中界定了文件中要素的类别及其构成，给出了要素允许的表述形式。

表3　文件中各要素的类别、构成及表述形式

要素	要素的类别		要素的构成	要素所允许的表述形式
	必备或可选	规范性或资料性		
封面	必备	资料性	附加信息	标明文件信息
目次	可选			列表（自动生成的内容）
前言	必备			条文、注、脚注、指明附录
引言	可选			条文、图、表、数学公式、注、脚注、指明附录
范围	必备	规范性	条款、附加信息	条文、表、注、脚注
规范性引用文件[a]	必备/可选	资料性	附加信息	清单、注、脚注
术语和定义[a]	必备/可选	规范性	条款、附加信息	条文、图、数学公式、示例、注、引用、提示
符号和缩略语	可选	规范性	条款、附加信息	条文、图、表、数学公式、示例、注、脚注、引用、提示、指明附录
分类和编码/系统构成	可选			
总体原则和/或总体要求	可选			
核心技术要素	必备			
其他技术要素	可选			
参考文献	可选	资料性	附加信息	清单、脚注
索引	可选			列表（自动生成的内容）
a 章编号和标题的设置是必备的，要素内容的有无根据具体情况进行选择。				

6.2.2.3　要素的选择

规范性要素中范围、术语和定义、核心技术要素是必备要素，其他是可选要素，其中术语和定义内容的有无可根据具体情况进行选择。不同功能类型标准化文件具有不同的核心技术要素。规范性要素中的可选要素可根据所起草文件的具

体情况在表 3 中选取，或者进行合并或拆分，要素的标题也可调整，还可设置其他技术要素。

资料性要素中的封面、前言、规范性引用文件是必备要素，其他是可选要素，其中规范性引用文件内容的有无可根据具体情况进行选择。资料性要素在文件中的位置、先后顺序以及标题均应与表 3 所呈现的相一致。

上面的规定根据要素性质将要素划分成规范性要素和资料性要素。规范性要素指的是声明符合标准化文件而需要遵守的条款的要素，即必须遵守的要素。资料性要素指的是标识标准化文件、介绍标准化文件、提供标准化文件附加信息的要素，指的是不必遵守的只是为符合标准化文件而提供帮助的要素。为了使要素的划分简化，在 GB/T 1.1—2020 中不再将规范性要素细分成规范性一般要素和规范性技术要素，也不再将资料性要素细分成资料性概要要素和资料性补充要素。

上面的规定根据要素存在状态将要素划分成必备要素和可选要素。必备要素就是标准化文件中必须有的要素，可选要素指的是可根据标准化文件自身的情况来决定是否需要的要素。在 GB/T 1.1—2020 中，除了原来规定的 4 个必备要素（封面、前言、标准化文件名称、范围），还新规定了 3 个必备要素（规范性引用文件、术语和定义，以及核心技术要素）。其中规范性引用文件与术语和定义都规定为必备/可选要素，意思是在结构上必须有规范性引用文件这一章并且是第 2 章，同样必须有术语和定义这一章并且是第 3 章。而可选的意思是可以根据标准化文件本身的情况决定是否有具体内容。对于第 2 章规范性引用文件可以没有内容，但是应在章标题下给出说明——"本文件没有规范性引用文件"。同样对于第 3 章术语和定义可以没有内容，但是应在章标题下给出说明——"本文件没有需要界定的术语和定义"。

在 GB/T 1.1—2020 规定的 3 个必备要素中，最重要的就是将核心技术要素规定为必备要素。核心技术要素是最重要、最核心的技术类要素。这是一个新定义的要素，在上一版的标准化文件中没有核心技术要素这一概念。而 GB/T 1.1—2020 最重要的变化就是增加了核心技术要素的概念并将它规定成必备要素。对于不同类别的标准化文件，它们之间的最大区别就是核心技术要素的不同。GB/T 1.1—2020 的最大改进就是增加了标准化文件名称、类别以及核心技术要素，并将这三者有机地联系起来，这样就使得标准化文件的起草者能够通过标准化文件的名称、类别来正确地选择标准化文件的要素，避免了以往在编写标准化文件时经常出现由于名称错误而导致的类别错误，同时导致标准化文件的要素选择错误，最终导致整个标准化文件不正确。

GB/T 1.1—2020 在要素的构成和表述中规定，要素的内容由条款和/或附加信息构成。条款指的是在标准化文件中表达应用该文件需要遵守、符合、理解或做出选择的表述。附加信息指的是用来解释或说明标准化文件中的要素或条款的信息。附加信息的表述形式包括示例、注、脚注、图表,以及"规范性引用文件"和"参考文献"中的文件清单和信息资源清单、"目次"中的目次列表和"索引"中的索引列表等。GB/T 1.1—2020 中的表 3 将标准化文件中各要素的类别、构成及表述形式详细地列出,这样用户就能方便地知道将要编写的标准化文件各要素的类别、构成以及要素所允许的表述形式。

2.8　对层次编写的解析

2.8.1　对部分的解析

GB/T 1.1—2020 在部分中有以下描述:

7.1.1　部分的划分

7.1.1.1　部分是一个文件划分出的第一层次。划分出的若干部分共用同一个文件顺序号。部分不应进一步细分为分部分。文件分为部分后,每个部分可以单独编制、修订和发布,并与整体文件遵守同样的起草原则和规则。

按照部分的划分原则可以将一个文件分为若干部分。起草这类文件时,有必要事先研究各部分的安排,考虑是否将第 1 部分预留给诸如"总则""术语"等通用方面。

7.1.1.2　可使用两种方式将文件分为若干部分。

a)将标准化对象分为若干个特殊方面,每个部分分别涉及其中的一两个方面,并且能够单独使用。

示例 1

第 1 部分: 术语

第 2 部分: 要求

第 3 部分: 试验方法

第 4 部分: 安装要求

b)将标准化对象分为通用和特殊两个方面,通用方面作为文件的第 1 部分,特殊方面(可修改或补充通用方面,不能单独使用)作为文件的其他各部分。

示例 2

第 1 部分: 通用要求

第 2 部分：热学要求

第 3 部分：空气纯净度要求

第 4 部分：声学要求

7.1.1.3　部分的划分通常是连续的，在需要按照各部分的内容分组时，可以通过部分编号区分各组。

示例 1：

第 1 部分：通用要求

第 11 部分：电熨斗的特殊要求

第 12 部分：离心脱水机的特殊要求

第 13 部分：洗碗机的特殊要求

示例 2：

第 1 部分：通则和指南

第 21 部分：振动试验（正弦）

第 22 部分：配接耐久性试验

第 31 部分：外观检查和测量

第 32 部分：单模纤维光学器件偏振依赖性的检查和测量

7.1.2　部分编号

部分编号应置于文件编号中的顺序号之后，使用从 1 开始的阿拉伯数字，并用下脚点与顺序号相隔（例如××××× .1、××××× .2 等）。

7.1.3　部分的名称

分为部分的文件中的每个部分的名称的组成方式应符合 6.1 的规定。部分的名称中应包含 "第 * 部分 :"（* 为使用阿拉伯数字的部分编号），后跟补充元素。每个部分名称的补充元素应不同，以便区分和识别各个部分，而引导元素（如果有）和主体元素应相同。

示例：

GB/T 14××8.1　低压开关设备和控制设备　第 1 部分：总则

GB/T 14××8.2　低压开关设备和控制设备　第 2 部分：断路器"

在 GB/T 1.1—2020 对部分的划分中规定，部分是标准化文件的第一个层次，且不能再细分为分部分。部分的名称应符合标准化文件名称的规定。同一标准化文件的各个部分名称的引导要素（如果有）和主体要素应相同，而补充要素应不同，以便区分各个部分。在每个部分的名称中，补充要素前均应标明 "第 × 部分 :"（× 为阿拉伯数字）。例如，"第 1 部分"，而不是 "第一部分"。部分的编号应置于标准化文件顺序号之后，使用阿拉伯数字从 1 开始对部分编号，部分的编号与标准化文件顺序号之间用下脚点隔开，例如：GB/T 22919.1、GB/T 22919.2、GB/T

22919.3 等，顺序号为 22919。当标准化文件分为部分后，每个部分可以单独编制、修订和发布，并与整体标准化文件遵守同样的起草原则和规则。

2.8.2　对章、条、段的解析

GB/T 1.1—2020 在章、条、段中有以下描述：

7.2　章

章是文件层次划分的基本单元。

应使用从 1 开始的阿拉伯数字对章编号。章编号应从范围一章开始，一直连续到附录之前。

每一章均应有章标题，并应置于编号之后。

7.3　条

7.3.1　条是章内有编号的细分层次。条可以进一步细分，细分层次不宜过多，最多可分到第五层次。一个层次中有一个以上的条时才可设条，例如第 10 章中，如果没有 10.2，就不必设立 10.1。

7.3.2　条编号应使用阿拉伯数字并用下脚点与章编号或上一层次的条编号相隔。

7.3.3　第一层次的条宜给出条标题，并应置于编号之后。第二层次的条可同样处理。某一章或条中，其下一个层次上的各条，有无标题应一致。例如 6.2 的下一层次，如果 6.2.1 给出了标题，6.2.2、6.2.3 等也需要给出标题，或者反之，该层次的条都不给出标题。

7.3.4　在无标题条的首句中可使用黑体字突出关键术语或短语，以便强调各条的主题。某一章或条中的下一个层次上的无标题条，有无突出的关键术语或短语应一致。无标题条不应再分条。

7.4　段

段是章或条内没有编号的细分层次。

为了不在引用时产生混淆，不宜在章标题与条之间或条标题与下一层次条之间设段（称为"悬置段"）。

示例：

下面左侧所示，按照章条的隶属关系，第 5 章不仅包括所标出的"悬置段"，还包括 5.1 和 5.2。这种情况下，引用这些悬置段时有可能发生混淆。避免混淆的方法之一是将悬置段改为条。见下面右侧所示：将左侧的悬置段编号并加标题"5.1 通用要求"（也可给出其他适当的标题），并且将左侧的 5.1 和 5.2 重新编号，依次改为 5.2 和 5.3。避免混淆的其他方法还有，将悬置段移到别处或删除。

不　正　确
5　要求
×××××××××××××　}
×××××××××××××××　} 悬置段
×××××××××××　}
5.1　×××××××
××××××××××××××
5.2　×××××××
××××××××××××
××××××××××××××
××××××××××××××
××××××××××××××
××××××××××××××
6　试验方法

正　确
5　要求
5.1　通用要求
××××××××××××××
××××××××××××××
××××××××××
5.2　×××××××
××××××××××××××
5.3　×××××××
××××××××××××××
××××××××××××××
××××××××××××××
×××××××××××
6　试验方法

　　在 GB/T 1.1—2020 对章的划分中规定，章是标准化文件层次划分的基本单元，应使用阿拉伯数字从 1 开始对章编号。编号应从"范围"开始，即"1　范围"，一直连续到附录之前。附录的编号遵循附录编号的原则（如 A.1、A.2）。每一章均应有章标题。标题应置于编号之后，并与其条文分行。

　　在 GB/T 1.1—2020 对条的划分中规定，条是章内有编号的细分层次。凡是章以下有编号的层次均称为条。条可分到第五层次，应使用阿拉伯数字对条编号。一个层次中有两个以及两个以上的条时才可设条，例如，第 10 章中，如果没有 10.2，就不应设 10.1。应避免对无标题条再分条。但是标准化文件中的"术语和定义"，只有一条术语也应该编号。第一层次的条宜给出条标题。标题应置于编号之后，并与其条文分行。第二层次的条可同样处理。某一章或条中，其下一层次上的各条，有无标题应统一，例如，第 10 章的下一层次，10.1 有标题，则 10.2、10.3 等也应有标题。可将无标题条首句中的关键术语或短语标为黑体，以标明所涉及的主题。这类术语或短语不应列入目次。

　　在 GB/T 1.1—2020 对条的划分中规定，段是章或条内没有编号的细分层次。在标准化文件中要尽量避免出现悬置段。

2.8.3　对列项的解析

GB/T 1.1—2020 的列项中有以下描述：

7.5.1　列项是段中的子层次，用于强调细分的并列各项中的内容。列项应由引语和被引出的并列的各项组成。具体形式有以下两种：

　　a）后跟句号的完整句子引出后跟句号的各项（见示例 1）；

　　b）后跟冒号的文字引出后跟分号（见示例 2）或逗号（见示例 3）的各项。列项的最后一项均由句号结束。

示例 1：

导向要素中图形符号与箭头的位置关系需要符合下列规则。

　　a）当导向信息元素横向排列，并且箭头指：

　　　　1）左向（含左上、左下），图形符号应位于右侧；

　　　　2）右向（含右上、右下），图形符号应位于左侧；

　　　　3）上向或下向，图形符号宜位于右侧。

　　b）当导向信息元素纵向排列，并且箭头指：

　　　　1）下向（含左下、右下），图形符号应位于上方；

　　　　2）其他方向，图形符号宜位于下方。

示例 2：

下列仪器不需要开关：

　　——正常操作条件下，功耗不超过 10 W 的仪器；

　　——任何故障条件下使用 2 min，测得功耗不超过 50 W 的仪器；

　　——连续运转的仪器。

示例 3：

仪器中的振动可能产生于：

　　——转动部件的不平衡，

　　——机座的轻微变形，

　　——滚动轴承，

　　——气动负载。

7.5.2　列项可以进一步细分为分项，这种细分不宜超过两个层次。

7.5.3　在列项的各项之前应标明列项符号或列项编号。列项符号为破折号（——）或间隔号（●）；列项编号为字母编号［即后带半圆括号的小写拉丁字母，如 a）、b）等］或数字编号［即后带半圆括号的阿拉伯数字，如 1）、2）等］。

　　通常在第一层次列项的各项之前使用破折号（——），第二层次列项的各项之前使用间隔号（●）。列项中的各项如果需要识别或表明先后顺序，在第一层次列项的各项之前使用字母编号。在使用字母编号的列项中，如果需要对某一项进一步细分，根据需要可在各分项之前使用间隔号或数字编号。

7.5.4   可使用黑体字突出列项中的关键术语或短语，以便强调各项的主题。

在 GB/T 1.1—2020 对列项的划分中规定，列项是段中的子层次，用于强调细分的并列各项中的内容。列项由引语和被引出的并列的各项组成。在 GB/T 1.1—2009 中规定，列项由一段后跟冒号的文字引出；而在 GB/T 1.1—2020 中规定，列项还可由后跟句号的完整句子引出后跟句号的各项的文字引出。另外列项通常分两层。列项的各项之前应使用列项符号（"——"或"●"），同一层次的列项中，使用破折号还是圆点应统一，或使用字母编号［后带半圆括号的小写拉丁字母，如 a)、b)］。列项中的项如果需要识别，则应使用字母编号［后带半圆括号的小写拉丁字母，如 a)、b)］。在字母编号的列项中，如果需要对某一项进一步细分成需要识别的若干分项，则应使用数字编号［后带半圆括号的阿拉伯数字，如 1)、2)］。

2.9   对要素编写的解析

2.9.1   对封面编写的解析

GB/T 1.1—2020 在对封面编写的规定中有以下描述：

封面这一要素用来给出标明文件的信息。

在封面中应标明以下必备信息：文件名称、文件的层次或类别（如"中华人民共和国国家标准""中华人民共和国国家标准化指导性技术文件"等字样）、文件代号（如"GB"）、文件编号、国际标准分类（ICS）号、中国标准文献分类（CCS）号、发布日期、实施日期、发布机构等。

如果文件代替了一个或多个文件，在封面中应标明被代替文件的编号。当被代替文件较多时，被代替文件编号不应超过一行。如果文件与国际文件有一致性对应关系，那么在封面中应标示一致性程度标识。

国家标准、行业标准的封面还应标明文件名称的英文译名；行业标准、地方标准的封面还应标明备案号。

文件征求意见稿和送审稿的封面显著位置，应按照规定给出征集文件是否涉及专利的信息。

封面这一要素是必备要素，在 GB/T 1.1—2020 对封面规定中的大部分信息都是比较容易确定的，只有国际标准分类（ICS）号和中国标准文献分类（CCS）号需要查找。只需在搜索引擎下分别输入"国际标准分类（ICS）号"和"中国标准文献分类（CCS）号"，就可按照给出的目录轻松获得所需的信息。

2.9.2　对目次编写的解析

GB/T 1.1—2020 在对目次编写的规定中有以下描述：

目次这一要素用来呈现文件的结构。为了方便查阅文件内容，通常有必要设置目次。

根据所形成的文件的具体情况，应依次对下列内容建立目次列表：

a）前言，

b）引言，

c）章编号和标题，

d）条编号和标题，（需要时列出）

e）附录编号、"（规范性）"/"（资料性）"和标题，

f）附录条编号和标题，（需要时列出）

g）参考文献，

h）索引，

i）图编号和图题（含附录中的），（需要时列出）

j）表编号和表题（含附录中的）。（需要时列出）

上述各项内容后还应给出其所在的页码。在目次中不应列出"术语和定义"中的条目编号和术语。

电子文本的目次宜自动生成。

需要说明的是，目次这一要素是可选要素，通常情况下是需要的。如果标准化文件的内容非常少，只有 2～3 页的内容，可以考虑省去目次这一要素。

通常 ISO/IEC 标准化文件给出的目次非常详细，几乎给出所有带有条标题的目次。我国标准化文件对目次这一要素要求较为宽松，很多标准化文件仅给出章标题的目次。在这里建议标准化文件的起草者在生成目次时至少要给出第一级条标题的目次。

2.9.3 对前言编写的解析

GB/T 1.1—2020 在对前言编写的规定中有以下描述：

前言这一要素用来给出诸如文件起草依据的其他文件、与其他文件的关系和编制、起草者的基本信息等文件自身内容之外的信息。前言不应包含要求、指示、推荐或允许型条款，也不应使用图、表或数学公式等表述形式。前言不应给出章编号且不分条。

根据所形成的文件的具体情况，在前言中应依次给出下列适当的内容。

a）文件起草所依据的标准化文件。具体表述为"本文件按照 GB/T 1.1—2020《标准化工作导则　第 1 部分：标准化文件的结构和起草规则》的规定起草。"

b）文件与其他文件的关系。需要说明以下两方面的内容：
- 与其他标准化文件的关系；
- 分为部分的文件的每个部分说明其所属的部分并列出所有已经发布的部分的名称。

c）文件与代替文件的关系。需要说明以下两方面的内容：
- 给出被代替、废止的所有文件的编号和名称；
- 列出与前一版本相比的主要技术变化。

d）文件与国际文件关系的说明。GB/T 20000.2 中规定了与国际文件存在着一致性对应关系的我国文件，在前言中陈述的相关信息。

e）有关专利的说明。它规定了尚未识别出文件的内容涉及专利时，在前言中需要给出的相关内容。

f）文件的提出信息（可省略）和归口信息。对于由全国专业标准化技术委员会提出或归口的文件，应在相应技术委员会名称之后给出其国内代号，使用下列适当的表述形式：
- "本文件由全国×××标准化技术委员会（SAC/TC×××）提出。"
- "本文件由××××提出。"
- "本文件由全国×××标准化技术委员会（SAC/TC×××）归口。"
- "本文件由××××归口。"

g）文件的起草单位和主要起草人，使用下列表述形式：
- "本文件起草单位：……。"
- "本文件主要起草人：……。"

h）文件及其所代替或废止的文件的历次版本发布情况。

在 GB/T 1.1—2020 的"要素的表述"中规定，描述标准化文件内容的条款通常有要求型条款、指示型条款、允许型条款、推荐型条款以及陈述型条款。在 GB/T 1.1—2020 中对前言的规定是非常明确的，它是一个必备要素，通常情况下前言仅使用陈述型条款。前言通常不应使用图、表或数学公式等表述形式，也不应给出章编号且不分条。

在 GB/T 1.1—2020 中对前言的规定与 GB/T 1.1—2009 中对前言的规定的最大区别是：在 GB/T 1.1—2020 中要求首先描述文件起草所依据的标准，然后给出标准化文件结构的说明；GB/T 1.1—2009 中要求首先给出标准化文件结构的说明，然后描述文件起草所依据的标准。另外，在 GB/T 1.1—2009 中对文件起草所依据的标准化文件的描述通常为"本标准化文件按照 GB/T 1.1—2009 给出的规则起草"，而在 GB/T 1.1—2020 中对文件起草所依据的标准化文件的描述通常为"本文件按照 GB/T 1.1—2020《标准化工作导则　第 1 部分：标准化文件的结构和起草规则》的规定起草"。

在 GB/T 1.1—2020 对前言的规定中除上述改变之外没有其他改变，为了用户使用方便，现将前言的表述顺序列出如下：

（1）**标准化文件编制所依据的起草规则**；

（2）标准化文件结构的说明；

（3）标准化文件代替的全部或部分其他文件的说明；

（4）与国际文件、国外文件关系的说明；

（5）有关专利的说明；

（6）**标准化文件的提出信息（可省略）或归口信息**；

（7）**标准化文件的起草单位和主要起草人**；

（8）标准化文件所代替标准化文件的历次版本发布情况。

上面加粗的部分为前言中的必备信息，其他为可选信息。

2.9.4　对引言编写的解析

GB/T 1.1—2020 在对引言编写的规定中有以下描述：

引言这一要素用来说明与文件自身内容相关的信息，不应包含要求型条款。文件的某些内容涉及了专利，或者分为部分的文件的每个部分均应设置引言。引言不应给出章编号。当引言的内容需要分条时，应仅对条编号，编为 0.1、0.2 等。

在引言中通常给出下列背景信息：

——编制该文件的原因、编制目的、分为部分的原因以及各部分之间关系等事项的说明；

—— 文件技术内容的特殊信息或说明。

如果编制过程中已经识别出文件的某些内容涉及专利，应按照规定给出有关内容。如果需要给出有关专利的内容较多时，可将相关内容移作附录。

需要说明的是，引言这一要素是可选要素，标准化文件的起草者视自身情况决定是否需要引言。通常 ISO/IEC 标准化文件都给出了引言，但我国的很多国家标准化文件是没有引言的，大多数的行业标准化文件、地方标准化文件以及团体标准化文件都没有引言。

2.9.5　对范围编写的解析

GB/T 1.1—2020 在对范围编写的规定中有以下描述：

8.5.1　范围这一要素用来界定文件的标准化对象和所覆盖的各个方面，并指明文件的适用界限。必要时，范围宜指出那些通常被认为文件可能覆盖，但实际上并不涉及的内容。分为部分的文件的各个部分，其范围只应界定各自部分的标准化对象和所覆盖的各个方面。

8.5.2　该要素应设置为文件的第 1 章，如果确有必要，可以进一步细分为条。

8.5.3　范围的陈述应简洁，以便能作为内容提要使用。在范围中不应陈述可在引言中给出的背景信息。范围应表述为一系列事实的陈述，使用陈述型条款，不应包含要求、指示、推荐和允许型条款。

范围的陈述应使用下列适当的表述形式：

—— "本文件规定了……的要求/特性/尺寸/指示"；

—— "本文件确立了……的程序/体系/系统/总体原则"；

—— "本文件描述了……的方法/路径"；

—— "本文件提供了……的指导/指南/建议"；

—— "本文件给出了……的信息/说明"；

—— "本文件界定了……的术语/符号/界限"。

文件适用界限的陈述应使用下列适当的表述形式：

—— "本文件适用于……"；

—— "本文件不适用于……"。

GB/T 1.1—2020 对范围编写的规定非常明确，这里需要说明的是范围这一要素是必备要素，总是作为文件的第 1 章。通常情况下范围不再细分为条，只有在非常必要的情况下才细分为条。范围只使用陈述型条款表述。GB/T 1.1—2009 通常用"本标准或本部分……"作为表述的开始，GB/T 1.1—2020 通常用"本文件……"作为表述的开始。

2.9.6　对规范性引用文件编写的解析

GB/T 1.1—2020 在对规范性引用文件编写的规定中有以下描述：

8.6.1　界定和构成

规范性引用文件这一要素用来列出文件中规范性引用的文件，由引导语和文件清单构成。该要素应设置为文件的第 2 章，且不应分条。

8.6.2　引导语

规范性引用文件清单应由以下引导语引出：

"下列文件中的内容通过文中的规范性引用而构成本文件必不可少的条款。其中，注日期的引用文件，仅该日期对应的版本适用于本文件；不注日期的引用文件，其最新版本（包括所有的修改单）适用于本文件。"

如果不存在规范性引用文件，应在章标题下给出以下说明：

"本文件没有规范性引用文件。"

8.6.3　文件清单

8.6.3.1　文件清单中应列出该文件中规范性引用的每个文件，列出的文件之前不给出序号。

根据文件中引用文件的具体情况，文件清单中应选择列出下列相应的内容：

——注日期的引用文件，给出"文件代号、顺序号及发布年份号和/或月份号"以及"文件名称"；

——不注日期的引用文件，给出"文件代号、顺序号"以及"文件名称"；

——不注日期引用文件的所有部分，给出"文件代号、顺序号"和"（所有部分）"以及文件名称中的"引导元素（如果有）和主体元素"；

——引用国际文件、国外其他出版物，给出"文件编号"或"文件代号、顺序号"以及"原文名称的中文译名"，并在其后的圆括号中给出原文名称。

列出标准化文件之外的其他引用文件和信息资源，应遵守 GB/T 7714 确定的相关规则。

8.6.3.2　根据文件中引用文件的具体情况，文件清单中列出的引用文件的排列顺序为：

a）国家标准化文件，

b）行业标准化文件，

c）本行政区域的地方标准化文件（仅适用于地方标准化文件的起草），

d）团体标准化文件，

e）ISO、ISO/IEC 或 IEC 标准化文件，

f）其他机构或组织的标准化文件，

g）其他文献。

其中，国家标准化文件、ISO 或 IEC 标准化文件按文件顺序号排列；行业标准化文件、地方标准化文件、团体标准化文件、其他国际标准化文件先按文件代号的拉丁字母和/或阿拉伯数字的顺序排列，再按文件顺序号排列。

GB/T 1.1—2020 对规范性引用文件的编写规定非常明确，这里需要说明的是规范性引用文件这一要素是必备要素，总是作为文件的第 2 章。通常情况下，规范性引用文件不再细分为条。尤其需要说明的是，即使文件中没有规范性引用文件，规范性引用文件仍然需要保留。只需在规范性引用文件的章标题下给出以下说明"本文件没有规范性引用文件"。

还有一点需要说明的是，在编写规范性引用文件时，一定要结合 GB/T 1.1—2020 中的第 9.5 条"引用与提示"。首先要界定清楚哪些是标准本身的引用，哪些是外部文件的引用；同时要分清楚哪些是标准本身的规范性引用和资料性引用，哪些是外部文件的规范性引用和资料性引用。在规范性引用文件中只放置那些对外部文件进行规范性引用的文件，而对外部文件进行资料性引用的文件通常放在"参考文献"中。

2.9.7 对术语和定义编写的解析

GB/T 1.1—2020 在对术语和定义编写的规定中有以下描述：

8.7.1 界定和构成

术语和定义这一要素用来界定为理解文件中某些术语所必需的定义，由引导语和术语条目构成。该要素应设置为文件的第 3 章，为了表示概念的分类可以细分为条，每条应给出条标题。

8.7.2 引导语

根据列出的术语和定义以及引用其他文件的具体情况，术语条目应分别由下列适当的引导语引出：

—— "下列术语和定义适用于本文件。"（如果仅该要素界定的术语和定义适用时）

—— "……界定的术语和定义适用于本文件。"（如果仅其他文件中界定的术语和定义适用时）

　　—— "……界定的以及下列术语和定义适用于本文件。"（如果其他文件以及
该要素界定的术语和定义适用时）

　　如果没有需要界定的术语和定义，应在章标题下给出以下说明：

　　"本文件没有需要界定的术语和定义。"

8.7.3　术语条目

8.7.3.1　通则

　　术语条目宜按照概念层级分类和编排，如果无法或无须分类可按术语的汉语
拼音字母顺序编排。术语条目的排列顺序由术语的条目编号来明确。条目编号应
在章或条编号之后使用下脚点加阿拉伯数字的形式。

　　每个术语条目应包括四项内容：条目编号、术语、英文对应词、定义。根据
需要还可增加其他内容，按照包含的具体内容术语条目中应依次给出：

　　a）条目编号，

　　b）术语，

　　c）英文对应词，

　　d）符号，

　　e）术语的定义，

　　f）概念的其他表述形式（如图、数学公式等），

　　g）示例，

　　h）注，

　　i）来源等。

　　其中，符号如果来自于国际权威组织，宜在该符号后同一行的方括号中标出
该组织名称或缩略语；图和数学公式是定义的辅助形式；注给出补充术语条目内
容的附加信息，例如，与适用于量的单位有关的信息。

　　术语条目不应编排成表的形式，它的任何内容均不准许插入脚注。

8.7.3.2　需定义术语的选择

　　术语和定义这一要素中界定的术语应同时符合下列条件：

　　—— 文件中至少使用两次；

　　—— 专业的使用者在不同语境中理解不一致；

　　—— 尚无定义或需要改写已有定义；

　　—— 属于文件范围所限定的领域内。

　　如果文件中使用了文件的范围所限定的领域之外的术语，可在条文的注中说
明其含义，不宜界定其他领域的术语和定义。

　　术语和定义中宜尽可能界定表示一般概念的术语，而不界定表示具体概念的
组合术语。例如，当具体概念"自驾游基础设施"等同于"自驾游"和"基础设

施"两个一般概念之和时，分别定义术语"自驾游"和"基础设施"即可，不必定义"自驾游基础设施"。

8.7.3.3 定义

定义的表述宜能在上下文中代替其术语。定义宜采取内涵定义的形式，其优选结构为："定义 = 用于区分所定义的概念同其他并列概念间的区别特征 + 上位概念"。

定义中如果包含了其所在文件的术语条目中已定义的术语，可在该术语之后的括号中给出对应的条目编号，以便提示参看相应的术语条目。

定义应使用陈述型条款，既不应包含要求型条款，也不应写成要求的形式。附加信息应以示例或注的表述形式给出。

8.7.3.4 来源

在特殊情况下，如果确有必要抄录其他文件中的少量术语条目，应在抄录的术语条目之下准确地标明来源。当需要改写所抄录的术语条目中的定义时，应在标明来源处予以指明。具体方法为：在方括号中写明"来源：文件编号，条目编号，有修改"。

GB/T 1.1—2020 对术语和定义的编写规定非常明确，这里需要强调的是，术语和定义这一要素是必备要素，总是作为标准化文件的第 3 章。术语和定义总使用陈述型条款表述，在必要情况下可以对术语和定义进行分类。对于需要的术语和定义，标准化文件的起草者可根据实际情况使用符号和缩略语的引导语。需要说明的是，即使标准化文件中没有术语和定义，术语和定义仍然需要保留。只需在术语和定义的章标题下给出以下说明"本文件没有需要界定的术语和定义"。

另外需要说明的是标准化文件的起草者在使用通用术语时应首选《标准化工作指南　第 1 部分：标准化和相关活动的通用术语》（GB/T 20000.1—2014）的术语。而在使用专业术语时应选用相关领域的国家标准或行业标准给出的专业术语。只有在相关领域或新研究领域确实没有相关术语时才自己定义术语。如何定义新的术语请参考《标准编写规则　第 1 部分：术语》（GB/T 20001.1—2001）中给出的方法。决不可使用通过搜索互联网得到的术语，因为这将使得该术语不符合GB/T 20001.1—2001 的要求，而且在定义上很有可能出现较大偏差。在自己编写术语时一定要注意该术语的内涵、外延以及边界。

2.9.8　对符号和缩略语编写的解析

GB/T 1.1—2020 在对符号和缩略语编写的规定中有以下描述：

8.8.1　界定和构成

符号和缩略语这一要素用来给出为理解文件所必需的、文件中使用的符号和缩略语的说明或定义，由引导语和带有说明的符号和/或缩略语清单构成。如果需要设置符号或缩略语，宜作为文件的第 4 章。如果为了反映技术准则，符号需要以特定次序列出，那么该要素可以细分为条，每条应给出条标题。根据编写的需要，该要素可并入"术语和定义"。

8.8.2　引导语

根据列出的符号、缩略语的具体情况，符号和/或缩略语清单应分别由下列适当的引导语引出：

—— "下列符号适用于本文件。"（如果该要素列出的符号适用时）

—— "下列缩略语适用于本文件。"（如果该要素列出的缩略语适用时）

—— "下列符号和缩略语适用于本文件。"（如果该要素列出的符号和缩略语适用时）

8.8.3　清单和说明

无论该要素是否分条，清单中的符号和缩略语之前均不给出序号，且宜按下列规则以字母顺序列出：

1）大写拉丁字母置于小写拉丁字母之前（A、a、B、b 等）；

2）无角标的字母置于有角标的字母之前，有字母角标的字母置于有数字角标的字母之前（B、b、C、C_m、C_2、c、d、d_{ext}、d_{int}、d_1 等）；

3）希腊字母置于拉丁字母之后（Z、z、A、α、B、β、…、Λ、λ 等）；

4）其他特殊符号置于最后。

符号和缩略语的说明或定义宜使用陈述型条款，不应包含要求和推荐型条款。

在 GB/T 1.1—2020 中对于符号和缩略语的编写规定非常明确，这里需要说明的是符号和缩略语这一要素是可选要素，如果有的话，它将作为文件的第 4 章。符号和缩略语总是使用陈述型条款表述。对于需要符号和缩略语的用户，可根据自己的情况使用符号和缩略语的引导语。

2.9.9　对分类和编码/系统构成编写的解析

GB/T 1.1—2020 在对分类和编码/系统构成编写的规定中有以下描述：

8.9.1　分类和编码这一要素用来给出针对标准化对象的划分以及对分类结果的命名或编码，以方便在文件核心技术要素中针对标准化对象的细分类别作出规定。它通常涉及"分类和命名""编码和代码"等内容。

8.9.2　对于系统标准化文件，通常含有系统构成这一要素。该要素用来确立构成系统的分系统，或进一步的组成单元。系统标准化文件的核心技术要素将包含针对分系统或组成单元作出规定的内容。

8.9.3　分类和编码/系统构成通常使用陈述型条款。根据编写的需要，该要素可与规范、规程或指南标准化文件中的核心技术要素的有关内容合并，在一个复合标题下形成相关内容。

GB/T 1.1—2020 对分类和编码/系统构成的编写规定非常明确，这里需要说明的是分类和编码/系统构成这一要素是可选要素，如果前面有符号和缩略语这一可选要素，那么分类和编码/系统构成将作为标准化文件的第 5 章；如果前面没有符号和缩略语，则它将作为标准化文件的第 4 章。分类和编码/系统构成总是使用陈述型条款表述。

2.9.10　对总体原则和/或总体要求编写的解析

GB/T 1.1—2020 在对总体原则和/或总体要求编写的规定中有以下描述：

总体原则这一要素用来规定为达到编制目的需要依据的方向性的总框架或准则。文件中随后各要素中的条款或者需要符合或者具体落实这些原则，从而实现文件编制目的。总体要求这一要素用来规定涉及整体文件或随后多个要素均需要规定的要求。

文件中如果涉及了总体原则/总则/原则，或总体要求的内容，宜设置总体原则/总则/原则，或总体要求。总体原则/总则/原则应使用陈述或推荐型条款，不应包含要求型条款。总体要求应使用要求型条款。

GB/T 1.1—2020 对总体原则和/或总体要求的编写规定非常明确，这里需要说明的是，总体原则和/或总体要求这一要素是可选要素，如果前面有符号和缩略语，以及分类和编码/系统构成这两个可选要素，那么总体原则和/或总体要求这一要素将作为第 6 章。总之，它位于符号和缩略语，以及分类和编码/系统构成这两个可选要素之后。总体原则通常使用陈述或推荐型条款，总体要求通常使用要求型条款。

2.9.11　对核心技术要素编写的解析

GB/T 1.1—2020 在对核心技术要素编写的规定中有以下描述：

核心技术要素这一要素是各种功能类型标准化文件的标志性的要素，它是表述标准化文件特定功能的要素。标准化文件功能类型不同，其核心技术要素就会不同，表述核心要素使用的条款类型也会不同。各种功能类型标准化文件所具有的核心技术要素以及所使用的条款类型应符合表 4 的规定。各种功能类型标准化文件的核心技术要素的具体编写应遵守 GB/T 20001（所有部分）的规定。

表 4　各种功能类型标准化文件的核心技术要素以及所使用的条款类型

标准化文件功能类型	核心技术要素	使用的条款类型
术语标准化文件	术语条目	界定术语的定义使用陈述型条款
符号标准化文件	符号/标志及其含义	界定符号或标志的含义使用陈述型条款
分类标准化文件	分类和/或编码	陈述、要求型条款
试验标准化文件	试验步骤	指示、要求型条款
	试验数据处理	陈述、指示型条款
规范标准化文件	要求	要求型条款
	证实方法	指示、陈述型条款
规程标准化文件	程序确立	陈述型条款
	程序指示	指示、要求型条款
	追溯/证实方法	指示、陈述型条款
指南标准化文件	需考虑的因素	推荐、陈述型条款

注：如果标准化指导性技术文件具有与表中规范标准化文件、规程标准化文件相同的核心技术要素及条款类型，那么该标准化指导性技术文件为规范类或规程类。

GB/T 1.1—2020 中的核心技术要素是全新概念，也是和 GB/T 1.1 系列标准以前版本的分水岭。正是这一概念的引入，才使得按照 GB/T 1.1—2020 起草的标准化文件的正确性得到了极大的提高。在过去，由于没有核心技术要素这一概念，导致很多标准化文件在要素的选择与描述方面出现了很大的不确定性。这里需要强调的是，核心技术要素的重要性次于标准化文件名称和类别，排在第 3 位的重要位置，一旦它出现错误将导致整个标准化文件出现错误。因此，标准化文件的起草者要特别重视核心技术要素。在编写核心技术要素时，一定要结合标准化文件的名称和 GB/T 20001 系列标准中的各个类型，仔细选择核心技术要素，并根据 GB/T 1.1—2020 中的表 4 给出的各类核心技术要素的条款进行表述。另外，在编写核心技术要素时还要结合标准化文件的类别和要素的表述。只有用准确的条款表述已经确定的核心技术要素，才能使它完美。

在 GB/T 1.1—2020 中对核心技术要素的编写规定还是很清晰明确的，这里需要说明的是，核心技术要素是必备要素，不同类别标准化文件的核心技术要素是不同的，所使用的表述条款也不同。相同类别标准化文件的核心技术要素是相同的，所使用的表述条款也相同。核心技术要素与标准化文件的类别密切相关，一旦确定了标准化文件的类别，就可以准确确定核心技术要素，并且根据 GB/T 1.1—2020 中的表 4 给出的表述条款来确定用什么条款来表述核心技术要素。

2.9.12　对其他技术要素编写的解析

GB/T 1.1—2020 在对其他技术要素编写的规定中有以下描述：

根据具体情况，文件中还可设置其他技术要素，例如试验条件、仪器设备、取样、标志、标签和包装、标准化项目标记、计算方法等。如果涉及有关标准化项目标记的内容，应符合附录 B 规定。

上述的规定比前文中其他部分的规定要简单、笼统得多，因为其他技术要素是可选要素，具体选择哪些要素完全取决于具体的标准化文件。由于很多标准化工作者的经验不足，使得他们在编写标准化文件时面临很多困难或挑战。本书建议标准化文件的起草者参考 GB/T 20000、GB/T 20001、GB/T 20002、GB/T 20003以及 GB/T 20004 等系列标准，例如，GB/T 20001.4—2015 给出了如何编写试验条件、仪器设备的方法，GB/T 20001.10—2014 给出了如何编写取样、标志、标签和包装的方法。

2.9.13　对参考文献编写的解析

GB/T 1.1—2020 在对参考文献编写的规定中有以下描述：

参考文献这一要素用来列出文件中资料性引用的文件清单，以及其他信息资源清单，例如起草文件时参考过的文件，以供参阅。

如果需要设置参考文献，应置于最后一个附录之后。文件中有资料性引用的文件，应设置该要素。该要素不应分条，列出的清单可以通过描述性的标题进行分组，标题不应编号。

清单中应列出该文件中资料性引用的每个文件。每个列出的参考文件或信息资源前应在方括号中给出序号。清单中所列内容及其排列顺序以及在线文献的列出方式均应符合相关规定，其中列出的国际文件、国外文件不必给出中文译名。

在 GB/T 1.1—2020 中对参考文献的编写规定非常明确，这里需要说明的是，参考文献是可选要素。如果没有索引，那么参考文献是文件的最后一个要素。

2.9.14　对索引编写的解析

GB/T 1.1—2020 在对索引编写的规定中有以下描述：

索引这一要素用来给出通过关键词检索文件内容的途径。如果为了方便文件使用者而需要设置索引，那么它应作为文件的最后一个要素。

该要素由索引项形成的索引列表构成。索引项以文件中的"关键词"作为索引标目，同时给出文件的规范性要素中对应的章、条、附录和/或图、表的编号。索引项通常以关键词的汉语拼音字母顺序编排。为了便于检索可在关键词的汉语拼音首字母相同的索引项之上标出相应的字母。

电子文本的索引宜自动生成。

在 GB/T 1.1—2020 中对索引编写的规定非常明确，这里需要说明的是，索引是可选要素，它通常是标准化文件的最后一个要素。

2.10　对要素表述的解析

2.10.1　概述

在 GB/T 1.1—2020 中对要素表述的规定非常多，而且非常详细，要求每个标准化文件起草者完全记住这些规定是不现实的。标准化文件的起草者只需要了解和掌握 GB/T 1.1—2020 对要素表述有哪些规定，在编写标准化文件时遇到对应的情况时参考 GB/T 1.1—2020 的规定即可。

2.10.2　对条款表述的解析

GB/T 1.1—2020 在对条款表述的规定中有以下描述：

条款类型分为：要求、指示、推荐、允许和陈述。条款可包含在规范性要素的条文，图表脚注、图与图题之间的段或表内的段中。

条款类型的表述应使得文件使用者在声明其产品/系统、过程或服务符合文件时，能够清晰地识别出需要满足的要求或执行的指示，并能够将这些要求或指示与其他可选择的条款（例如推荐、允许或陈述）区分开来。

条款类型的表述应遵守附录 C 的规定，并使用附录 C 中各表左侧栏中规定的能愿动词或句子语气类型，只有在特殊情况下由于语言的原因不能使用左侧栏中给出的能愿动词时，才可使用对应的等效表述。

在 GB/T 1.1—2020 中对于条款表述的规定非常明确，这里对如何表述要求、指示、推荐、允许和陈述型条款进行说明。

（1）要求型条款：表达应遵守的准则的条款。在标准化文件中表示需要遵守的准则，并且不允许有差异。表 2-3 给出了要求型条款的表述方法。

表 2-3　要求型条款的表述方法

能愿动词	在特殊情况下使用的等效表述
应	应该
	只准许
不应	不应该
	不准许
不使用"必须"作为"应"的替代词，以避免将文件的要求与外部约束相混淆	
不使用"不可""不得""禁止"代替"不应"来表示禁止	
不应使用诸如"应足够坚固""应较为便捷"等定性的要求	

（2）指示型条款：在规程或试验方法中表示直接的指示，例如需要履行的行动、采取的步骤等，以及汽车导航系统的语音指示等。表 2-4 给出了指示型条款的表述方法。

表 2-4　指示型条款的表述方法

句子语气类型	典型表述用词
祈使句	—
例如"开启记录仪。""在…之前不启动该机械装置。"	

（3）推荐型条款：表达建议或指导的条款，在几种可能性中推荐特别适合的一种，不提及也不排除其他可能性，或表示某个行动步骤是首选的但未必是所要求的，或（以否定形式）表示不赞成但也不禁止某种可能性或行动步骤。表 2-5 给出了推荐型条款的表述方法。

表 2-5　推荐型条款的表述方法

能愿动词	在特殊情况下使用的等效表述
宜	推荐
	建议

续表

能愿动词	在特殊情况下使用的等效表述
不宜	不推荐
	不建议

（4）允许型和陈述型条款：表示在标准化文件的界限内所允许的行动步骤。表 2-6 给出了允许型条款的表述方法。

表 2-6　允许型条款的表述方法

能愿动词	在特殊情况下使用的等效表述
可	可以
	允许
不必	可以不
	无须
在这种情况下，不使用"能""可能"代替"可"	
注："可"是文件表达的允许，而"能"指主、客观原因导致的能力，"可能"指主、客观原因导致的可能性。	

（5）陈述型条款：表示需要去做或完成指定事项的才能、适应性或特性等能力应使用的能愿动词，或者表示预期的或可想到的物质、生理或因果关系导致的结果应使用的能愿动词，或者一般性陈述的表述应使用陈述句。表 2-7、表 2-8 和 2-9 分别给出了表述能力的陈述型条款、表述可能性的陈述型条款、表述一般性的陈述型条款的方法。

表 2-7　能力的陈述型条款的表述方法

能愿动词	在特殊情况下使用的等效表述
能	能够
不能	不能够
在这种情况下，不使用"可""可能"代替"能"	
见表 C.4 的注	

表 2-8　可能性的陈述型条款的表述方法

能愿动词	在特殊情况下使用的等效表述
可能	有可能
不可能	没有可能
在这种情况下，不使用"可""能"代替"可能"	

表 2-9　一般性的陈述型条款的表述方法

句子语气类型	典型表述用词
陈述句	是、为、由、给出等
例如："章是文件层次划分的基本单元""再下方为附录标题""文件名称由尽可能短的几种元素组成""封面这一要素用来给出标明文件的信息"	

上面较详细地解析了各种条款的表述方法，这里需要进一步说明的是，根据标准化文件的技术内容的要求程度，可以将其分为规范类、规程类以及指南类标准化文件。规范类标准化文件通常是规定产品、过程或服务需要满足的要求的文件。规程类标准化文件通常是设备、构件或产品的设计、制造、安装、维护或使用的推荐惯例或程序的文件。指南类标准化文件通常是表明某主题的一般性、原则性、方向性的信息、指导或建议的文件。与规范类标准化文件对应的条款通常包括要求型条款，与规程类标准化文件对应的条款通常为推荐型条款，与指南类标准化文件对应的条款通常为陈述型条款。

在保证标准化文件的名称、结构以及要素，尤其是核心技术要素的正确性后，接下来要做的就是做好要素的表述。在审查标准化文件时，会经常发现有的标准化文件像文章或者论文，而不像标准，其原因就是在标准化文件的表述这一环节出了问题。因此，要素表述的重要性仅次于标准名称、类别、核心技术要素的重要性。

2.10.3　对附加信息表述的解析

GB/T 1.1—2020 在对附加信息表述的规定中有以下描述：

附加信息的表述形式包括：示例、注、脚注、图表脚注，以及"规范性引用文件"和"参考文献"中的文件清单和信息资源清单、"目次"中的目次列表和"索引"中的索引列表等。除了图表脚注之外，它们宜表述为对事实的陈述，不应包含要求或指示型条款，也不应包含推荐或允许型条款。

在 GB/T 1.1—2020 中对附加信息表述的规定非常明确，这里需要说明的是，附加信息通常只允许使用陈述型条款。如果在示例中包含要求、指示、推荐或允许型条款的目的是提供与这些表述有关的例子（通常需要将示例内容置于线框内），则不视为不符合上述规定。

2.10.4　对通用内容表述的解析

GB/T 1.1—2020 在对通用内容表述的规定中有以下描述：

文件中某章/条的通用内容宜作为该章/条中最前面的一条。根据具体的内容，可用"通用要求""通则""概述"作为条标题。

通用要求用来规定某章/条中涉及多条的要求，均应使用要求型条款。通则用来规定与某章/条的共性内容相关的或涉及多条的内容，使用的条款中应至少包含要求型条款，还可包含其他类型的条款。概述用来给出与某章/条内容有关的陈述或说明，应使用陈述型条款，不应包含要求、指示或推荐型条款。除非确有必要通常不设置"概述"。

在 GB/T 1.1—2020 中对于通用内容的表述规定非常明确，这里需要说明的是，标准化文件的起草者喜欢把通用内容作为该章或条的第一条，在这种情况下可用通用要求、通则或者概述作为条标题（有时为了避免悬置段也可以采用这种方法）。通用要求通常采用要求型条款，通则通常必须至少有一条要求型条款，概述通常采用陈述型条款。

2.10.5　对条文表述的解析

GB/T 1.1—2020 在对条文表述的规定中有以下描述：

9.4.1　汉字和标点符号

文件中使用的汉字应为规范汉字，使用的标点符号应符合 GB/T 15834 的规定。

9.4.2　常用词的使用

9.4.2.1　"遵守"和"符合"用于不同的情形的表述。遵守用于在实现符合性过程中涉及的人员或组织采取的行动的条款。符合用于规定产品/系统、过程或服务特性符合文件或其要求的条款，即需要"人"做到的用"遵守"，需要"物"达到的用"符合"。

9.4.2.2　"尽可能""尽量""考虑"（"优先考虑""充分考虑"）以及"避免""慎重"等词语不应该与"应"一起使用表示要求，建议与"宜"一起使用表示推荐。

9.4.2.3　"通常""一般""原则上"不应该与"应""不应"一起使用表示要求，可与"宜""不宜"一起使用表示推荐。

9.4.2.4　可使用"……情况下应……""只有/仅在……时，才应……""根据……情况，应……""除非……特殊情况，不应……"等表示有前提条件的要求。前提条件应是清楚、明确的。

9.4.3　全称、简称和缩略语

9.4.3.1　文件中应仅使用组织机构正在使用的全称和简称（或原文缩写）。

9.4.3.2　如果在文件中某个词语或短语需要使用简称，那么在正文中第一次使用该词语或短语时，应在其后的圆括号中给出简称，以后则应使用该简称。

9.4.3.3　如果文件中未给出缩略语清单，但需要使用拉丁字母组成的缩略语，那么在正文中第一次使用时，应给出缩略语对应的中文词语或解释，并将缩略语置于其后的圆括号中，以后则应使用缩略语。

拉丁字母组成的缩略语的使用宜慎重，只有在不引起混淆的情况下才可使用。

缩略语宜由大写拉丁字母组成，每个字母后面没有下脚点（例如 DNA）。由于历史或技术原因，个别情况下约定俗成的缩略语使用不同的方式书写。

9.4.4　数和数值的表示

9.4.4.1　表示物理量的数值，应使用后跟法定计量单位符号的阿拉伯数字。

9.4.4.2　数字的用法应遵守 GB/T 15835 的规定。

9.4.4.3　符号叉（×）应该用于表示以小数形式写作的数和数值的乘积、向量积和笛卡尔积。

符号居中圆点（·）应该用于表示向量的无向积和类似的情况，还可用于表示标量的乘积以及组合单位。

在一些情况下，乘号可省略。

GB/T 3102.11 给出了数字乘法符号的概览。

9.4.4.4　诸如 $\dfrac{V}{\text{km/h}}$、$\dfrac{l}{\text{m}}$ 和 $\dfrac{t}{\text{s}}$ 或 $v/(\text{km/h})$、l/m 和 t/s 之类的数值表示法适用于图的坐标轴和表的表头栏中。

9.4.5　尺寸和公差

9.4.5.1　尺寸应以无歧义的方式表示。

9.4.5.2　公差应以无歧义的方式表示，通常使用最大值、最小值、带有公差的值或量的范围值表示。

9.4.5.3　为了避免误解，百分率的公差应以正确的数学形式表示。

9.4.5.4　平面角宜用单位度（°）表示，例如，写作 17.25°。

9.4.6　数值的选择

9.4.6.1　极限值

对于某些用途，有必要规定极限值（最大值/最小值）。通常一个特性规定一个极限值，但有多个广泛使用的类别或等级时，则需要规定多个极限值。

9.4.6.2　选择值

对于某些目的，特别是品种控制和接口的目的，可选择多个数值或数系。适用时，应按照 GB/T 321（进一步的指南见 GB/T 19763 和 GB/T 19764）给出的优先数系，或按照模数制或其他决定性因素选择数值或数系。对于电工领域，IEC 指南 103 给出了推荐使用的尺寸量纲制。

当试图对一个拟定的数系标准化时，应检查是否有现成的被广泛接受的数系。

选择优先数系时，宜注意非整数（例如，数 3.15）有时可能带来不便或规定了不必要的高精度。这种情况下，需要对非整数进行修约（见 GB/T 19764）。宜避免由于一个文件中同时包含了精确值和修约值，而导致不同的文件使用者选择不同的值。

9.4.7　量、单位及其符号

文件中使用的量、单位及其符号应从 GB/T 3101、GB/T 3102（所有部分）、ISO 80000（所有部分）和 IEC 80000（所有部分）以及 GB/T 14559、IEC 60027（所有部分）中选择并符合其规定。进一步的使用规则见 GB 3100。"

虽然 GB/T 1.1—2020 对条文表述规定的篇幅很长，但非常明确，只需认真阅读就不难理解，因此这里不再做进一步的解析。这部分内容比较多，如果记不住，则可以在需要时采用边学习边应用的方法。

2.10.6　对引用和提示表述的解析

GB/T 1.1—2020 在对引用和提示表述的规定中有以下描述：

9.5.1　用法

在起草文件时，如果有些内容已经包含在现行有效的其他文件中并且适用，或者包含在文件自身的其他条款中，那么应通过提及文件编号和/或文件内容编号的表述形式，引用、提示而不抄录所需要的内容。这样可以避免重复造成文件间或文件内部的不协调、文件篇幅过大以及抄录错误等。

对于在线引用文件，应提供足以识别和定位来源的信息。为确保可追溯性，宜提供所引用文件的第一手来源。信息应包括访问引用文件的方法和完整的网址，并与来源中给出的标点符号和大小写字母相同（见 GB/T 7714、ISO 690）。

9.5.2　文件自身的称谓

在文件中需要称呼文件自身时应使用的表述形式为："本文件……"（包括标准化文件、标准化文件的某个部分、标准化指导性技术文件）。

如果分为部分的文件中的某个部分需要称呼其所在文件的所有部分时，那么表述形式应为："GB/T ×××××"。

9.5.3 提及文件具体内容

凡是需要提及文件具体内容时，不应提及页码，而应提及文件内容的编号，例如：

——章或条表述为："第 4 章""5.2""9.3.3 b""A.1"；

——附录表述为："附录 C"；

——图或表表述为："图 1""表 2"；

——数学公式表述为："公式（3）""10.1，公式（5）"。

9.5.4 引用其他文件

9.5.4.1 注日期或不注日期引用

9.5.4.1.1 注日期引用

注日期引用意味着被引用文件的指定版本适用。凡不能确定是否能够接受被引用文件将来的所有变化，或者提及了被引用文件中的具体章、条、图、表或附录的编号，均应注日期。

注日期引用的表述应指明年份。具体表述时应提及文件编号，包括"文件代号、顺序号及发布年份号"，当引用同一个日历年发布不止一个版本的文件时，应指明年份和月份；当引用了文件具体内容时应提及内容编号。

9.5.4.1.2 不注日期引用

不注日期引用意味着被引用文件的最新版本（包括所有的修改单）适用。凡能够接受所引用内容将来的所有变化（尤其对于规范性引用），并且引用了完整的文件，或者未提及被引用文件具体内容的编号，才可不注日期。

不注日期引用的表述不应指明年份。具体表述时只应提及"文件代号和顺序号"，当引用一个文件的所有部分时，应在文件顺序号之后标明"（所有部分）"。

如果不注日期引用属于需要引用被引用文件的具体内容，但未提及具体内容编号的情况，可在脚注中提及所涉及的现行文件的章、条、图、表或附录的编号。

9.5.4.2 规范性或资料性引用

9.5.4.2.1 规范性引用

规范性引用的文件内容构成了引用它的文件中必不可少的条款。在文件中，规范性引用与资料性引用的表述应明确区分，以下表述形式属于规范性引用：

a）任何文件中，由要求型或指示型条款提及文件；

b）规范标准化文件中，由"按"或"按照"提及试验方法类文件；

c）指南标准化文件中，由推荐型条款提及文件；

d）任何文件中，在"术语和定义"中由引导语提及文件。

文件中所有规范性引用的文件，无论是注日期，还是不注日期，均应在要素"规范性引用文件"中列出。

9.5.4.2.2 资料性引用

资料性引用的文件内容构成了有助于引用它的文件的理解或使用的附加信息。在文件中，凡由规范性引用之外的表述形式提及文件均属于资料性引用。

如果确有必要，可资料性提及法律法规，或者可通过包含"必须"的陈述，指出由法律要求形成的对文件使用者的约束或义务（外部约束）。表述外部约束时提及的法律法规并不是文件自身规定的条款，属于资料性引用的文件，通常宜与文件的条款分条表述。

9.5.4.2.3 标明来源

在特殊情况下，如果确有必要抄录其他文件中的少量内容，应在抄录的内容之下或之后准确地标明来源，具体方法为：在方括号中写明"来源：文件编号，章/条编号或条目编号"。

9.5.4.2.4 被引用文件的限定条件

被规范性引用的文件应是国家、行业或国际标准化文件。允许规范性引用其他正式发布的标准化文件或其他文献，只要经过正在编制文件的归口标准化技术委员会或审查会议确认待引用的文件符合下列条件：

——具有广泛可接受性和权威性；

——发布者、出版者（知道时）或作者已经同意该文件被引用，并且，当函索时，能从作者或出版者那里得到这些文件；

——发布者、出版者（知道时）或作者已经同意，将他们修订该文件的打算以及修订所涉及的要点及时通知相关文件的归口标准化技术委员会；

——该文件在公平、合理和无歧视的商业条款下可获得；

——该文件中所涉及的专利能够按照 GB/T 20003.1 的要求获得许可声明。

起草文件时不应引用：

——不能公开获得的文件；

——已被代替或废止的文件。

起草文件时不应规范性引用法律、行政法规、规章和其他政策性文件，也不应普遍性要求符合法规或政策性文件的条款。诸如"……应符合国家有关法律法规"的表述是不正确的。

9.5.5 提示文件自身的具体内容

9.5.5.1 规范性提示

需要提示使用者遵守、履行或符合文件自身的具体条款时，应使用适当的能愿动词或句子语气类型提及文件内容的编号。这类提示属于规范性提示。

9.5.5.2 资料性提示

需要提示使用者参看、阅看文件自身的具体内容时，应使用"见"提及文件内容的编号，而不应使用诸如"见上文""见下文"等形式。这类提示属于资料性提示。

虽然 GB/T 1.1—2020 对引用和提示表述规定的篇幅很长，但非常清晰，用户只需要认真阅读并结合实际情况进行理解。这里需要说明的是，引用和提示中的引用部分对于标准化文件的起草者来说通常是个难点，因此在遇到需要引用或提示时，一定要仔细阅读上面的规定。需要强调的是，学习和掌握这部分内容时，首先要分清引用是规范性引用还是资料性引用，然后分清引用是标准本身内容之间的引用还是引用其他文件。

另外需要强调的是在起草文件时有引用的内容一定要引用而不用抄录。在对文件进行修订时需要确认所有引用文件的有效性，必须引用现行有效的文件。对于注日期的引用，如果随后发布了被引用文件的修改单或修订版，那么有必要评估是否需要更新原引用的文件。如果需要，可发布引用那些文件的文件自身的修改单，以便更新引用的文件。公开获得指任何使用者能够免费获得，或在合理和无歧视的商业条款下能够获得。文件使用者不管是否声明符合标准化文件，均需要遵守法律法规。这部分内容比较多，如果记不住，可以采取需要时边学习边应用的方法。

2.10.7　对附录表述的解析

GB/T 1.1—2020 对对附录表述的规定中有以下描述：

9.6.1　用法

9.6.1.1　附录用来承接和安置不便在文件正文或前言中表述的内容，它是对正文或前言的补充或附加，它的设置可以使文件的结构更加平衡。附录的内容源自正文或前言中的内容。当文件中的某些规范性要素过长或属于附加条款，可以将一些细节或附加条款移出，形成规范性附录。当文件中的示例、信息说明或数据等过多，可以将其移出，形成资料性附录。

9.6.1.2　规范性附录给出正文的补充或附加条款；资料性附录给出有助于理解或使用文件的附加信息。附录的规范性或资料性的作用应在目次中和附录编号之下标明，并且在将正文或前言的内容移到附录之处还应通过使用适当的表述形式予以指明，同时提及该附录的编号。

凡在文件中使用下列表述形式指明的附录属于规范性附录：

a）任何文件中，要求型条款或指示型条款；

b）指南标准化文件中，推荐型条款；

c）规范标准化文件中，由"按"或"按照"指明的试验方法附录。

其他表述形式指明的附录都属于资料性附录。

9.6.2　附录的位置、编号和标题

附录应位于正文之后，参考文献之前。附录的顺序取决于其被移作附录之前所处位置的前后顺序。

每个附录均应有附录编号。附录编号由"附录"和随后表明顺序的大写拉丁字母组成，字母从 A 开始，例如"附录 A""附录 B"等。只有一个附录时，仍应给出附录编号"附录 A"。附录编号之下应标明附录的作用，即"（规范性）"或"（资料性）"，再下方为附录标题。

9.6.3　附录的细分

9.6.3.1　附录可以分为条，条还可以细分。每个附录中的条、图、表和数学公式的编号均应重新从 1 开始，应在阿拉伯数字编号之前加上表明附录顺序的大写拉丁字母，字母后跟下脚点。例如附录 A 中的条用"A.1""A.1.1""A.1.2"……"A.2"……表示；图用"图 A.1""图 A.2"……表示；表用"表 A.1""表 A.2"……表示；数学公式用"（A.1）""（A.2）"……表示。

9.6.3.1.2　附录中不准许设置"范围""规范性引用文件""术语和定义"等内容。

虽然 GB/T 1.1—2020 对附录的表述规定篇幅较大，但是却非常明确，用户只需认真阅读就不难理解。因此这里不再做进一步的解析。

2.10.8　对图表述的解析

GB/T 1.1—2020 在对图表述的规定中有以下描述：

9.7.1　用法

9.7.1.1　图是文件内容的图形化表述形式。当用图呈现比使用文字更便于对相关内容的理解时，宜使用图。如果图不可能使用线图来表示，可使用图片和其他媒介。

9.7.1.2　在将文件内容图形化之处应通过使用适当的能愿动词或句子语气类型（见 GB/T 1.1—2020 附录 C）指明该图所表示的条款类型，并同时提及该图的图编号。

9.7.1.3　文件中各类图形的绘制需要遵守相应的规则。以下列出了有关的国家标准化文件：

——机械工程制图：GB/T 1182、GB/T 4458.1、GB/T 4458.6、GB/T 14691（所有部分）、GB/T 17450、ISO 128-30、ISO 128-40、ISO 129（所有部分）；

  —— 电路图和接线图：GB/T 5094（所有部分）、GB/T 6988.1、GB/T 16679;

  —— 流程图：GB/T 1526。

9.7.2　图编号和图题

9.7.2.1　每幅图均应有编号。图编号由"图"和从 1 开始的阿拉伯数字组成，例如"图 1""图 2"等。只有一幅图时，仍应给出编号"图 1"。图编号从引言开始一直连续到附录之前，并与章、条和表的编号无关。

9.7.2.2　每幅图宜有图题，文件中的图有无图题应一致。

9.7.3　图的转页接排

  当某幅图需要转页接排，随后接排该图的各页上应重复图编号、后接图题（可选）和"（续）"或"（第#页/共*页）"，其中#为该图当前的页面序数，*是该图所占页面的总数，均使用阿拉伯数字。续图均应重复"关于单位的陈述"。

9.7.4　图中的字母符号、标引序号和标记

9.7.4.1　字母符号

  图中用于表示角度量或线性量的字母符号应符合 GB/T 3102.1 的规定，必要时，使用下标以区分特定符号的不同用途。

  图中表示各种长度时使用符号系列 l_1、l_2、l_3 等，而不使用诸如 A、B、C 或 a、b、c 等符号。

  如果图中所有量的单位均相同，应在图的右上方用一句适当的关于单位的陈述（例如"单位为毫米"）表示。

9.7.4.2　标引序号和标记

  在图中应使用标引序号或图脚注代替文字描述，文字描述的内容在标引序号说明或图脚注中给出。

  在曲线图中，坐标轴上的标记不应以标引序号代替，以避免标引序号的数字与坐标轴上数值的数字相混淆。曲线图中的曲线、线条等的标记应以标引序号代替。

  在流程图和组织系统图中，允许使用文字描述。

9.7.5　图中的注和图脚注

  图中的注的规定见和图脚注的规定见后 2.10.11 关于注和脚注的规定和解析。

  下面给出了图的示例，包含了关于单位的陈述、长度符号的表示、标引序号说明、图中的段、图中的注、图脚注以及图编号和图题等。

  示例：

单位为毫米

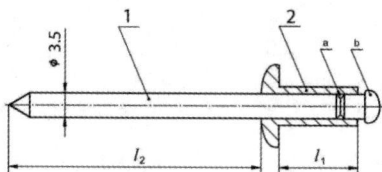

l_1	l_2
6	27
12	
20	
30	

标引序号说明：

1——钉芯；

2——钉体。

钉芯的设计应保证：安装时，钉体变形、胀粗，之后钉芯抽断。

注：此图所示为开口型平圆头抽芯铆钉。

a　断裂槽应滚压成型。

b　钉芯头的形状和尺寸由制造者确定。

图×　抽芯铆钉

9.7.6　分图

9.7.6.1　分图会使文件的编排和管理变得复杂，只要可能，宜避免使用。只有当图的表示或内容的理解特别需要时（例如各个分图共用诸如"图题""标引序号说明""段"等内容），才可使用分图。

9.7.6.2　只准许对图作一个层次的细分。分图应使用后带半圆括号的小写拉丁字母编号［例如图 1 可包含分图 a）、b）等］，不应使用其他形式的编号（例如 1.1、1.2、…，1-1、1-2、…，等）。

如果每个分图中都包含了各自的标引序号说明、图中的注或图脚注，那么应将每个分图调整为单独的图。

示例：

关于单位的陈述

图	图
a）分图题	b）分图题

标引序号说明：

1——说明的内容

2——说明的内容

段（可包含要求）

注：图中的注的内容

a 图脚注的内容

图× 图题

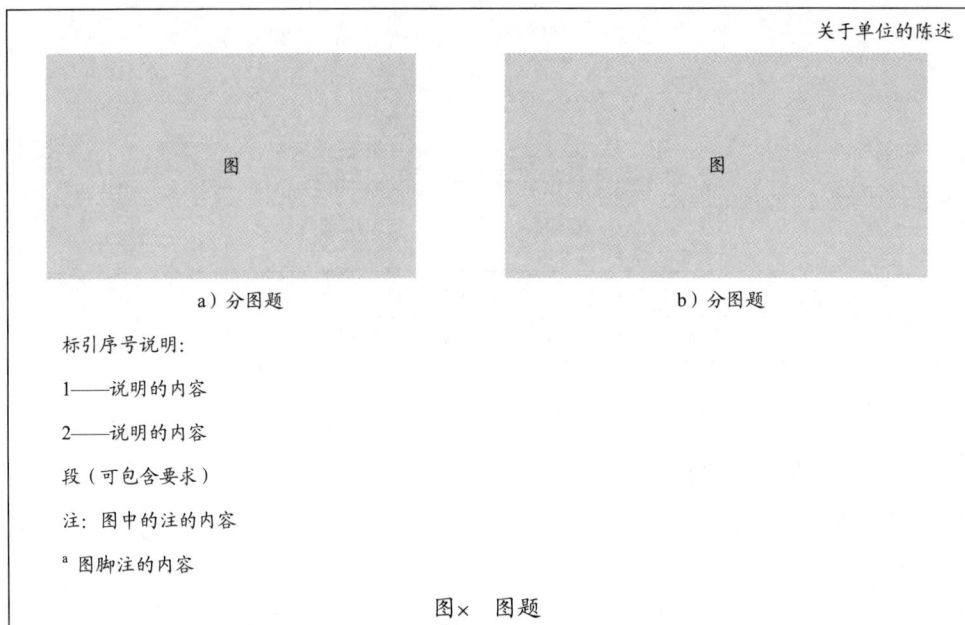

GB/T 1.1—2020 对图表述的规定非常明确，用户只需认真阅读就不难理解相关内容。这里需要说明的是，使用图通常可以使标准化文件的使用者很容易理解那些用语言表述都很困难的情况或事物，因此，在编写标准化文件时鼓励使用图的形式来描述文件的内容。

2.10.9 对表表述的解析

GB/T 1.1—2020 在对表表述的规定中有以下描述：

9.8.1 用法

9.8.1.1 表是文件内容的表格化表述形式。当用表呈现比使用文字更便于对相关内容的理解时，宜使用表。

9.8.1.2 在将文件内容表格化之处应通过使用适当的能愿动词或句子语气类型（见 GB/T 1.1—2020 附录 C）指明该表所表示的条款类型，并同时提及该表的表编号。

9.8.1.3 不准许将表再细分为分表（例如将"表2"分为"表2a"和"表2b"），也不准许表中套表或表中含有带表头的子表。

9.8.2 表编号和表题

9.8.2.1 每个表均应有编号。表编号由"表"和从 1 开始的阿拉伯数字组成，例如"表1""表2"等。只有一个表时，仍应给出编号"表1"。表编号从引言开始一直连续到附录之前，并与章、条和图的编号无关。

9.8.2.2　每个表宜有表题，文件中的表有无表题应一致。

示例：

表×　表题

××××	××××	××××	××××

9.8.3　表的转页接排

当某个表需要转页接排，随后接排该表的各页上应重复表编号、后接表题（可选）和"（续）"或"（第#页/共*页）"，其中#为该表当前的页面序数，*是该表所占页面的总数，均使用阿拉伯数字。续表均应重复表头和"关于单位的陈述"。

示例：

表 3（第 2 页/共 5 页）

9.8.4　表头

每个表应有表头。表头通常位于表的上方，特殊情况下出于表述的需要，也可位于表的左侧边栏。表中各栏/行使用的单位不完全相同时，宜将单位符号置于相应的表头中量的名称之下。

示例 1：

类型	线密度 kg/m	内圆直径 mm	外圆直径 mm

适用时，表头中可用量和单位的符号表示。需要时，可在指明表的条文中或在表中的注中对相应的符号予以解释。

示例 2：

类型	$\rho_1/(\mathrm{kg/m})$	d/mm	D/mm

如果表中所有量的单位均相同，应在表的右上方用一句适当的关于单位的陈述（例如"单位为毫米"）代替各栏中的单位符号。

示例 3：

单位为毫米

类型	长度	内圆直径	外圆直径

表头中不准许使用斜线。

示例 4：不正确的表头

尺寸 类型	A	B	C

示例 5：正确的表头

尺寸	类型		
	A	B	C

9.8.5 表中的注和表脚注

下面给出了表的示例，包含了表编号和表题、关于单位的陈述、表头、表中的段、表中的注和表脚注等。

示例：

表×　表题

单位为毫米

类型	长度	内圆直径	外圆直径
	l_1^a	d_1	
	l_2	$d_2^{b,\ c}$	

段（可包含要求型条款）

注 1：表中的注的内容

注 2：表中的注的内容

[a] 表脚注的内容

[b] 表脚注的内容

[c] 表脚注的内容

GB/T 1.1—2020 对图的表述规定非常明确，这里需要说明的是，表的形式越简单越好，创建多个表格比将太多内容整合为一个表格的效果更好。在编写标准化文件时鼓励使用表来描述相关的内容。

2.10.10　对数学公式表述的解析

GB/T 1.1—2020 在对数学公式表述的规定中有以下描述：

9.9.1　用法

数学公式是文件内容的一种表述形式，当需要使用符号表示量之间关系时宜使用数学公式。

9.9.2 编号

如果需要引用或提示，应使用带圆括号从 1 开始的阿拉伯数字对数学公式编号。

示例：

$$x^2 + y^2 < z^2 \qquad\qquad (1)$$

数学公式编号应从引言开始一直连续到附录之前，并与章、条、图和表的编号无关。不准许将数学公式进一步细分[例如将公式"（2）"分为"（2a）"和"（2b）"等]。

9.9.3 表示

9.9.3.1 数学公式应以正确的数学形式表示。

数学公式通常使用量关系式表示，变量应由字母符号来代表。除非已经在"符号和缩略语"中列出，否则应在数学公式后用"式中："引出对字母符号含义的解释。

示例 1：

$$v = \frac{l}{t}$$

式中：

v —— 匀速运动质点的速度；

l —— 运行距离；

t —— 时间间隔。

特殊情况下，数学公式如果使用了数值关系式，应解释表示数值的符号，并给出单位（见示例 2）。

示例 2：

$$v = 3.6 \times \frac{l}{t}$$

式中：

v —— 匀速运动质点的速度的数值，单位为千米每小时（km/h）；

l —— 运行距离的数值，单位为米（m）；

t —— 时间间隔的数值，单位为秒（s）。

一个文件中同一个符号不应既表示一个物理量，又表示其对应的数值。例如，在一个文件中既使用示例 1 的数学公式，又使用示例 2 的数学公式，就意味着 1=3.6，这显然不正确。

数学公式不应使用量的名称或描述量的术语表示。量的名称或多字母缩略术语，不论正体或斜体，亦不论是否含有下标，都不应该用来代替量的符号。数学公式中不应使用单位的符号。

示例 3：

正确：	不正确：
$\rho = \dfrac{m}{V}$	$密度 = \dfrac{质量}{体积}$

示例 4：

正确：	不正确：
$\dim(E) = \dim(F) \times \dim(l)$ 式中： E —— 能量； F —— 力； l —— 长度。	$\dim（能量）= \dim（力）\times \dim（长度）$ 或 $\dim（能量）= \dim（力）\times \dim（长度）$

示例 5：

正确：	不正确：
$t_i = \sqrt{\dfrac{S_{ME,i}}{S_{MR,i}}}$ 式中： t_i —— 系统 i 的统计量； $S_{ME,i}$ —— 系统 i 的残差均方； $S_{MR,i}$ —— 系统 i 由于回归产生的均方。	$t_i = \sqrt{\dfrac{MSE_i}{MSR_i}}$ 式中： t_i —— 系统 i 的统计量； MSE_i —— 系统 i 的残差均方； MSR_i —— 系统 i 由于回归产生的均方。

9.9.3.2 一个文件中同一个符号不宜代表不同的量，可用下标区分表示相关概念的符号。

9.9.3.3 在文件的条文中宜避免使用多于一行的表示形式（见示例 1）。在数学公式中宜避免使用多于一个层次的上标或下标符号（见示例 2），并避免使用多于两行的表示形式（见示例 3）。

示例 1：a/b 优于 $\dfrac{a}{b}$。

示例 2：$D_{1,\max}$ 优于 $D_{1\max}$。

示例 3：

在数学公式中，使用	而不使用
$$\dfrac{\sin[(N+1)\phi/2]\sin(N\phi/2)}{\sin(\phi/2)}=\cdots\cdots$$	$$\dfrac{\sin\left[\dfrac{(N+1)}{2}\phi\right]\sin\left(\dfrac{N}{2}\phi\right)}{\sin\dfrac{\phi}{2}}=\cdots\cdots$$

GB/T 1.1—2020 对数学公式的表述规定清晰明了，用户只需认真阅读就不难理解相关内容，因此这里不再做进一步的解析。

2.10.11　对示例表述的解析

GB/T 1.1—2020 在对示例表述的规定中有以下描述：

9.10.1　示例属于附加信息，它通过具体的例子帮助更好地理解或使用文件。示例宜置于所涉及的章或条之下。

9.10.2　每个章、条或术语条目中：只有一个示例时，在示例的具体内容之前应标明"示例:"；有多个示例时，宜标明示例编号，在同一章（未分条）、条或术语条目中示例编号均从示例 1 开始，即"示例 1:""示例 2:"等。

9.10.3　示例不宜单独设章或条。如果示例较多或所占篇幅较大，尤其是作为示例的多个图或多个表，宜以"……示例"为标题形成资料性附录。这种情况下，不宜每个示例、每个图或每个表均各自编为单独的附录。

9.10.4　如果给出的示例与编排格式有关或者易于与文中的条款相混淆，为了避免这种混淆，可将示例内容置于线框内。

GB/T 1.1—2020 对示例的表述规定简单明了，用户只需认真阅读就不难理解相关内容，因此这里不再做进一步的解析。

2.10.12　对注表述的解析

GB/T 1.1—2020 在对注表述的规定中有以下描述：

9.11.1　注属于附加信息，它只给出有助于理解或使用文件内容的说明。按照注所处的位置，可分为条文中的注、术语条目中的注、图中的注和表中的注。条文中的注宜置于所涉及的章、条或段之下。术语条目中的注应置于示例（如有）之后。图中的注应置于图题和图脚注（如有）之上。表中的注应置于表内下方，表脚注之上。

9.11.2　每个章、条、术语条目、图或表中：只有一个注时，在注的第一行内容之前应标明"注:";有多个注时,应标明注编号,在同一章(未分条)或条、术语条目、图或表中注编号均从"注 1:"开始,即"注 1:""注 2:"等。

GB/T 1.1—2020 对注的表述规定简单明了,用户只需认真阅读就不难理解相关内容,因此这里不再做进一步的解析。

2.10.13　对脚注表述的解析

GB/T 1.1—2020 在对脚注表述的规定中有以下描述:

9.12.1　条文脚注

条文脚注属于附加信息,它只给出针对条文中的特定内容的附加说明。条文脚注的使用宜尽可能少。条文脚注应置于相关页面左下方的细实线之下。

从"前言"开始应对条文脚注全文连续编号,编号形式为后带半圆括号从 1 开始的阿拉伯数字,即 1)、2)、3)等。在条文中需注释的文字、符号之后应插入与脚注编号相同的上标形式的数字 $^{1)}$、$^{2)}$、$^{3)}$ 等标明脚注。特殊情况下,例如为了避免与上标数字混淆,可用一个或多个星号,即*、**、***代替条文脚注的数字编号。

9.12.2　图表脚注

图表脚注与条文脚注的编写遵守不同的规则。图脚注应置于图题之上,并紧跟图中的注。表脚注应置于表内的最下方,并紧跟表中的注。与条文脚注的编号不同,图表脚注的编号应使用从"a"开始的上标形式的小写拉丁字母,即 ^{a}、^{b}、^{c} 等。在图或表中需注释的位置应插入与图表脚注编号相同的上标形式的小写拉丁字母标明脚注。每个图或表中的脚注应单独编号。

图表脚注除给出附加信息之外,还可包含要求型条款。因此,编写脚注相关内容时,应使用适当的能愿动词或句子语气类型,以明确区分不同的条款类型。

GB/T 1.1—2020 对脚注的表述规定简单明了,用户只需认真阅读就不难理解相关内容。这里需要说明的是,这种资料性的脚注要应尽量少用。

2.10.14　对其他规则表述的解析

GB/T 1.1—2020 在对其他规则表述的规定中有以下描述:

9.13.1　商品名和商标的使用

在文件中应给出产品的正确名称或描述,而不应给出商品名或商标。特定产品的专用商品名或商标,即使是通常使用的,也宜尽可能避免。如果在特殊情况下不能避免使用商品名或商标，应指明其性质。例如对于注册商标用符号®指明，对于商标用符号 TM 指明。

示例：用"聚四氟乙烯（PTFE）"，而不用"特氟纶®"。

如果适用某文件的产品目前只有一种，那么在该文件中可以给出该产品的商品名或商标，但应附上如下脚注：

"×）　……[产品的商品名或商标]……是由……[供应商]……提供的产品的[商品名或商标]。给出这一信息是为了方便本文件使用者，并不表示对该产品的认可。如果其他产品具有相同的效果，那么可使用这些等效产品。"

如果由于产品特性难以详细描述，而有必要给出适用某文件的市售产品的一个或多个实例，那么可在如下脚注中给出这些商品名或商标。

"×）　……[产品（或多个产品）的商品名（或多个商品名）或商标（或多个商标）]……是适合的市售产品的实例（或多个实例）。给出这一信息是为了方便本文件使用者，并不表示对这一（这些）产品的认可。"

9.13.2　专利

文件中与专利有关的事项的说明和表述应遵守 GB/T 1.1—2020 附录 D 的规定。

9.13.3　重要提示

特殊情况下，如果需要给文件使用者一个涉及整个文件内容的提示（通常涉及人身安全或健康），以便引起注意，那么可在正文首页文件名称与"范围"之间以"重要提示："或者按照程度以"危险：""警告："或"注意："开头，随后给出相关内容。

在涉及人身安全或健康的文件中需要考虑是否给出相关的重要提示。

GB/T 1.1—2020 对其他规则的表述规定简单明了，用户只需认真阅读就不难理解相关内容，因此这里不再做进一步的解析。

第 3 章
标准化文件的编写方法

3.1 标准化文件概述

学习标准化文件编写方法重点就是要掌握以下 3 个要点：

- ➲ 标准的制修订程序；
- ➲ 标准化文件的结构和起草规则；
- ➲ 标准化文件的编写方法。

前面已经解析了标准的制修订程序以及标准化文件的结构和起草规则，本章从理论上解析标准化文件的编写方法。

第 1 章介绍了国家标准总局于 1984 年 3 月 27 日颁布的《采用国际标准管理办法》，这是我国标准化历史上的一个重要转折点，标志着我国将在标准化工作运行机制、标准的制修订程序、规则及方法上与 ISO/IEC 运行机制、制修订程序、规则及方法的全面接轨，并在标准化文件的内容上全面采用国际标准和国外先进标准。

在 1989 年颁布的《中华人民共和国标准化法》中要求：国家鼓励积极采用国际标准和国外先进标准。国家质量监督检验检疫总局于 2001 年发布实施了新版的《采用国际标准管理办法》，把采用国际标准和国外先进标准作为我国的一项重大技术经济政策，以促进技术进步、提高产品质量、扩大对外开放、加快与国际惯例接轨。

在 2017 年颁布的《中华人民共和国标准化法》中更进一步强调了要积极采用国际标准和国外先进标准。

国际上发达国家使用的标准化方法主要是以 ISO 9000 系列标准为理论基础的方法。ISO 9000 系列标准理论基础是 PDCA，核心思想是"过程控制，持续改进"。PDCA 循环又称为质量环，是管理学中的一种通用模型。PDCA 是英语单词 Plan（策划）、Do（实施）、Check（检查）和 Act（处置）的第一个字母，PDCA 循环就是按照这样的顺序进行质量管理，并且循环地进行下去的科学过程。

目前，ISO 9000 系列标准被世界上 110 多个国家广泛采用，既包括发达国家，也包括发展中国家。ISO 9000 系列标准不仅适用于产品，而且适用于过程和服务；不仅适用于企业，也适用于其他各个行业，当然也适用于标准化工作本身。当前，国际上发达国家使用的标准化方法就是把 ISO 9000 系列标准理论应用于标准化领域。

ISO 9000 系列标准理论把标准化活动划分为以下 5 个过程，即：标准化活动的需求分析、标准化活动的策划、标准化活动的实施、标准化活动的检查、标准化活动改进。由于需求分析是标准化活动最重要的环节，也是计划经济体制下标准化活动与市场经济体制下的标准化活动的最大区别，因此在这里把它单独拿出来作为标准化过程。ISO 9000 系列标准理论对标准化活动的划分过程如图 3-1 所示，其中的每个过程又都可以进行 PDCA 循环。ISO 9000 系列标准理论的最大优点是在标准化需求分析的基础上进行 PDCA 循环，从而避免了盲目性。

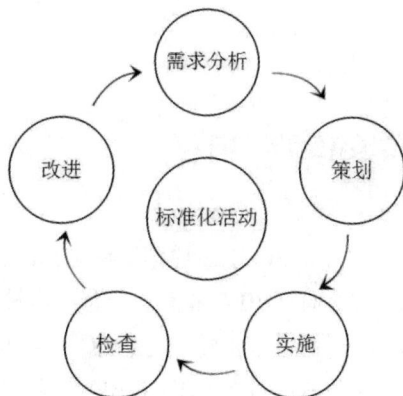

图 3-1　ISO 9000 系列标准理论对标准化活动的划分过程

本章以 ISO 9000 系列标准理论为基础，采用 ISO/IEC 制定标准的方法（《ISO/IEC 导则》和《ISO/IEC 标准化工作指南》），来解析的标准化文件的编写方法。

3.2　标准化需求分析

标准化需求分析是通过对相关方的需求、期望以及标准化现状进行的分析，是一个将相关方的需求以及自身的需求转化为完整的需求，从而确定必须做什么的过程。

标准化需求分析的目标是对标准化需求进行分析与整理，形成描述完整、清晰与规范的文档，根据分析的结论制订下一步的工作计划或方案，使整个标准化工作更加科学、合理，避免盲目性。标准化需求分析的基本原则就是科学性、客观性、前瞻性以及适用性。

由于标准化需求分析是标准化活动的第一个环节，也是非常重要的环节，是区别计划经济体制下标准化活动与市场经济体制下标准化活动的最重要的标志，因此本节把它单独拿出来作为一个标准化过程来阐述。

目前，我国标准分为国家标准、行业标准、地方标准、团体标准、企业标准。标准化需求分析应当针对不同级别的标准展开，在对不同等级的标准进行需求分析时，应确定不同的目标和原则。即使准备起草国际标准化文件，也应确定相应的目标和原则。

在进行标准化需求分析时，要结合标准化文件编写的目标和原则。本书的 2.6 节详细解析了标准化文件的目标、原则和要求，当需要进行标准化需求分析时请仔细阅读 2.6 节。

3.3 标准化文件的编写方法

ISO 有两个最重要的文件：《ISO/IEC 导则》和《ISO/IEC 指南》。到目前为止，ISO/IEC 已经发布了 120 多个《ISO/IEC 指南》，为各种技术标准的编写提供了技术指导。我国在制修订国家标准和行业标准时，也应当积极参考《ISO/IEC 导则》和《ISO/IEC 指南》。在《团体标准化》（GB/T 20004 系列标准）中的前言指出，《标准化工作导则》（GB/T 1 系列标准）与 GB/T 20000《标准化工作指南》（GB/T 20000 系列标准）、《标准编写规则》（GB/T 20001 系列标准）、《标准中特定内容的起草》（GB/T 20002 系列标准）、《标准制定的特殊程序》（GB/T 20003 系列标准）和《团体标准化》（GB/T 20004 系列标准）共同构成了支撑标准化工作的基础性国家标准。其中的 GB/T 20001 系列标准通常是按照标准化领域内容的功能来划分的，所以统称为功能标准。这些基础性国家标准的具体细目如下：

- 标准化工作导则 第 1 部分：标准的结构和编写（GB/T 1.1—2020）；
- 标准化工作导则 第 2 部分：标准制定程序（GB/T 1.2—2020）；
- 标准化工作指南 第 1 部分：标准化和相关活动的通用术语（GB/T

20000.1—2014）；
- 标准化工作指南　第 2 部分：采用国际标准（GB/T 20000.2—2009）；
- 标准化工作指南　第 3 部分：引用文件（GB/T 20000.3—2014）；
- 标准化工作指南　第 4 部分：标准中涉及安全的内容（GB/T 20000.4—2004）；
- 标准化工作指南　第 5 部分：产品标准中涉及环境的内容（GB/T 20000.5—2004）；
- 标准化工作指南　第 6 部分：标准化良好行为规范（GB/T 20000.6—2006）；
- 标准化工作指南　第 7 部分：管理体系标准的论证和制定（GB/T 20000.7—2006）；
- 标准编写规则　第 1 部分：术语（GB/T 20001.1—2001）；
- 标准编写规则　第 2 部分：符号标准（GB/T 20001.2—2015）；
- 标准编写规则　第 3 部分：分类标准（GB/T 20001.3—2015）；
- 标准编写规则　第 4 部分：试验方法标准（GB/T 20001.4—2015）；
- 标准编写规则　第 5 部分：示范标准（GB/T 20001.5—2017）；
- 标准编写规则　第 6 部分：规程标准（GB/T 20001.6—2017）；
- 标准编写规则　第 7 部分：指南标准（GB/T 20001.7—2017）；
- 标准编写规则　第 10 部分：产品标准（GB/T 20001.10—2014）；
- 标准中特定内容的起草　第 1 部分：儿童安全（GB/T 20002.1—2008）；
- 标准中特定内容的起草　第 2 部分：老年人和残疾人的需求（GB/T 20002.2—2008）；
- 标准中特定内容的起草　第 3 部分：产品标准中涉及环境的内容（GB/T 20002.3—2014）；
- 标准中特定内容的起草　第 4 部分：标准中涉及安全的内容（GB/T 20002.4—2015）；
- 标准制定的特殊程序　第 1 部分：涉及专利的标准（GB/T 20003.1—2014）；
- 团体标准化　第 1 部分：良好行为指南（GB/T 20004.1—2016）；
- 团体标准化　第 2 部分：良好行为评价（GB/T 20004.2—2017）；

还有很多与专业领域密切相关的方法性国家标准或行业标准，如《信息分类和编码的基本原则与方法》（GB/T 7027—2002），在制定团体标准化文件或企业标准化文件时，也需要参考这些标准。

有了这些方法性国家标准或行业标准，标准化工作者在起草各个级别的标准化文件时就不会再盲目或无从下手了。

如何利用现有的资源编写标准化文件呢？方法很简单，就是将下列三者结合起来灵活运用。

- GB/T 1.1—2020;
- 相关领域方法性国家标准或行业标准；
- 相关领域的业务知识和技术。

下面总结一下标准化文件的编写方法，可以将其分为下面 5 个步骤：

- 确定标准化文件编写的基本原则；
- 确定标准化文件编写的具体原则；
- 应用 GB/T 1.1—2020;
- 应用相关领域的方法性国家标准或行业标准，如 GB/T 20000、GB/T 20001、GB/T 20002 等系列标准；
- 应用相关领域的业务知识和技术。

通过上面的阐述不难发现，标准化文件的编写方法涉及众多标准，信息量非常大，对于刚入门的标准化文件起草者来说，学习难度非常的大。如何有重点、有针对性地进行学习呢？标准化文件的起草者首先必须了解或掌握下面的知识：

- 掌握标准化的基础知识；
- 掌握 GB/T 1.1—2020;
- 了解和掌握 GB/T 20000、GB/T 20001、GB/T 20002 等系列标准；
- 基本了解 ISO9001。

通常，标准化文件的起草者必须掌握标准化基础知识和 GB/T 1.1—2020，需要了解 GB/T 20000、GB/T 20001、GB/T 20002 等系列标准是如何使用的。在实际工作中需要用到哪个功能标准就参考这个功能标准，然后在标准化实践中不断地将标准化的基本知识和上述提到的方法性标准结合起来，针对具体的标准化问题提出解决方案。这个过程就是实践—认识—再实践—再认识的过程，是一个不断重复、不断提高的过程。

标准化文件的编写方法可以用以下简单过程表示：

- 根据标准化需求分析确定标准化文件的名称；
- 根据标准化文件的名称确定标准化文件的类别；
- 根据标准化文件的类别确定标准化文件的结构和要素；
- 确定标准化文件的核心技术要素；
- 确定标准化文件的核心技术要素的表述方法；
- 根据 GB/T 1.1—2020 编写所有要素。

3.4　标准化文件的编写策划

在完成标准化需求分析后，接下来的工作就是对标准化活动进行策划。将 ISO 9001 中的要求映射到标准化活动中的结果是：

- 确定的标准化活动的方针和目标；
- 确定实现标准化活动的目标所需的过程和职责；
- 确定标准化活动过程的顺序和相互作用；
- 确定标准化活动所需要的准则和方法；
- 确保标准化活动所需的资源和信息；
- 实施标准化活动已经确定的过程；
- 分析和检查这些过程；
- 对这些过程和结果持续进行改进。

各级标准化机构应当通过 ISO 9001 给出的方法对标准化现状进行分析，同时结合问卷的方式获得标准化需求。这些需求包括那些目前国际国内还未涉及的标准化领域或者没有相关的标准，需要有关机构研制相应的标准。需要研制的标准既可以按照业务类型分为技术标准和管理标准，也可以按照标准化对象分成术语、符号、分类、试验方法、规范、规程、指南、产品、过程、服务等类型的标准。

对所研制的标准的策划主要内容包括确定起草标准化文件所需的过程和人员分工，以及确定起草标准化文件过程的顺序和各过程的衔接。下面给出了起草标准化文件的过程、人员、顺序，以及过程衔接的策划。

- 确定标准化文件的名称；
- 成立标准化文件起草组，确定起草组的人员，以及人员的分工和责任；
- 确定标准化文件起草各过程的开始的时间、过程之间衔接的时间和结束的时间；
- 在限定的时间内查询资料并汇总；
- 确定标准化文件的结构和要素；
- 聘请适合的专家；
- 完成标准化文件的草案；
- 对草案进行讨论；
- 形成征求意见稿并征求意见；
- 对征求到的意见进行讨论并形成送审稿；

- 完成标准化文件审查所需的材料并召开审查会；
- 审查会通过后按审查会的专家意见进行修改后形成报批稿并上报；
- 标准化文件的批准和发布；
- 对标准化文件的进行复审和修订。

对于标准化文件的主要起草者来说，不仅需要按上述过程进行策划，还需要按照标准化文件的技术内容进行策划。具体的策划过程如下：

- 确定标准化文件的名称；
- 确定标准化文件的类别；
- 按照类别获取对应的方法性标准（GB/T 20001 系列标准）；
- 按照对应方法性标准的要求建立标准化文件的框架；
- 添加对应类别标准化文件的所有要素；
- 根据所起草标准化文件的实际情况对给出的要素做减法；
- 重点是核心技术要素的编写。

3.5 标准化文件的名称、结构、要素、核心技术要素

3.5.1 产品标准化文件的名称、结构、要素、核心技术要素

某团体或企业应当根据标准化需求分析的结果来决定是否需要研制该企业的产品标准。在编写产品标准化文件时，需要符合 GB/T 1.1—2020 的规定，尤其是产品标准化文件的名称要符合 GB/T 1.1—2020 中 9.13 节的规定，即只能使用产品名称不能使用产品的商品名称。首先按照 GB/T 20001.10—2014 对名称编写的要求确定产品标准化文件的名称，然后将 GB/T 20001.10—2014 中的产品标准化文件要素全部列出。产品标准化文件应具备的通用要素包括：

- 封面；
- 目次；
- 前言；
- 引言；
- 标准名称；
- 范围；
- 规范性引用文件；

- 术语和定义；
- 符号代号和缩略语；
- 分类、标记和编码；
- 技术要求；
- 取样；
- 试验方法；
- 检测规则；
- 标志、包装、运输、贮存；
- 规范性附录；
- 资料性附录。

按照 GB/T 1.1—2020 的规定对上面的要素进行分析，其中的必备要素包括封面、前言、标准名称、范围、规范性引用文件、术语和定义、技术要求、试验方法；其中的核心技术要素包括技术要求、试验方法。

在起草产品标准化文件时一定不能缺少上述的必备要素，尤其是核心技术要素。一旦缺少核心技术要素，该标准化文件就会变成无效的标准化文件。对于产品标准化文件而言，上述的要素除了必备要素，其他的要素都是可选要素，因此产品标准化文件的起草者应当根据自己产品的实际情况合理地选择标准化文件的可选要素，也就是说对通用要素做减法，去掉那些不适合自己产品的可选要素，只保留那些适合自己产品的可选要素。

对于产品标准化文件要素的表述，应按照 GB/T 20001.10—2014 对各要素的表述规定进行，尤其是要准确地把握核心技术要素所使用的条款。

3.5.2　试验方法标准化文件的名称、要素、核心技术要素

某团体或企业应当根据标准化需求分析的结果来决定是否需要研制试验方法标准。在编写试验方法标准化文件时，需要符合 GB/T 1.1—2020 的规定。首先按照 GB/T 20001.4—2015 对名称编写的要求确定试验方法标准化文件的名称，然后将 GB/T 20001.4—2015 中的试验方法标准化文件要素全部列出。试验方法标准化文件应具备的通用要素包括：

- 封面；
- 目次；
- 前言；
- 引言；

- 标准名称；
- 警示；
- 范围；
- 规范性引用文件；
- 术语和定义；
- 原理；
- 试验条件；
- 试剂或材料；
- 仪器设备；
- 样品；
- 试验步骤；
- 试验数据处理；
- 精密度和测量不确定度；
- 质量保证和控制；
- 试验报告；
- 特殊情况；
- 规范性附录；
- 资料性附录。

按照 GB/T 1.1—2020 的规定对上面的要素进行分析，其中的必备要素包括封面、前言、标准名称、范围、规范性引用文件、术语和定义、试验步骤、试验报告；其中的核心技术要素包括试验步骤、试验报告。

试验方法标准化文件的起草者在起草标准时一定不能缺少上述必备要素，尤其是核心技术要素。一旦缺少核心技术要素，该标准化文件就会变成无效的标准化文件。对于试验方法标准化文件而言，除了上述必备要素之外的所有其他要素都是可选要素。因此，试验方法标准化文件的起草者根据自己试验方法的实际情况合理地选择标准化文件的可选要素。也就是说对通用要素做减法，减去那些不适合自己试验方法的可选要素，只保留那些适合自己试验方法的可选要素。

对于试验方法标准化文件要素的表述应按照 GB/T 20001.4—2015 对标准化文件中各要素表述条款的规定进行描述。尤其是要准确地把握核心技术要素表述所使用的条款。

3.5.3　规范标准化文件的名称、框架、要素、核心技术要素

　　　　以及表述的策划举例

　　某团体或企业应当根据标准化需求分析的结果来决定是否需要研制规范标准。在编写规范标准化文件时，需要符合 GB/T 1.1—2020 的规定。首先按照 GB/T 20001.5—2017 对名称编写的要求确定规范标准化文件的名称，然后将 GB/T 20001.5—2017 中的规范标准化文件的要素全部列出。规范标准化文件应具备的通用要素包括：

- ○ 封面；
- ○ 目次；
- ○ 前言；
- ○ 引言；
- ○ 标准名称；
- ○ 范围；
- ○ 规范性引用文件；
- ○ 术语和定义；
- ○ 符号代号和缩略语；
- ○ 分类、标记和编码；
- ○ 总体原则/总体要求；
- ○ 要求；
- ○ 证实方法；
- ○ 规范性附录；
- ○ 资料性附录。

　　按照 GB/T 1.1—2020 的规定对上面的要素进行分析，其中的必备要素包括封面、前言、标准名称、范围、规范性引用文件、术语和定义、要求、证实方法；其中的核心技术要素包括要求、证实方法。

　　在起草规范标准化文件时一定不能缺少上述的必备要素，尤其是核心技术要素。一旦缺少核心技术要素，该标准化文件就会变成无效的标准化文件。对于规范标准化文件而言，上述的要素除了必备要素，其他的要素都是可选要素，因此规范标准化文件的起草者应当根据自己规范的实际情况合理地选择标准化文件的可选要素，也就是说对通用要素做减法，去掉那些不适合自己规范的可选要素，

只保留那些适合自己规范的可选要素。

对于规范标准化文件要素的表述，应按照 GB/T 20001.5—2017 对各要素的表述规定进行，尤其是要准确地把握核心技术要素所使用的条款。

3.5.4　规程标准化文件的名称、框架、要素、核心技术要素

某团体或企业应当根据标准化需求分析的结果来决定是否需要研制规程标准。在编写规程标准化文件时，需要符合 GB/T 1.1—2020 的规定。首先按照 GB/T 20001.6—2017 对名称编写的要求确定规程标准化文件的名称，然后将 GB/T 20001.6—2017 中的规程标准化文件的要素全部列出。规程标准化文件应具备的通用要素包括：

- ⊃ 封面；
- ⊃ 目次；
- ⊃ 前言；
- ⊃ 引言；
- ⊃ 标准名称；
- ⊃ 范围；
- ⊃ 规范性引用文件；
- ⊃ 术语和定义；
- ⊃ 符号代号和缩略语；
- ⊃ 分类、标记和编码；
- ⊃ 总体原则/总体要求；
- ⊃ 程序确立；
- ⊃ 程序指示；
- ⊃ 追溯/证实方法；
- ⊃ 规范性附录；
- ⊃ 资料性附录。

按照 GB/T 1.1—2020 的规定对上面的要素进行分析，其中的必备要素包括封面、前言、标准名称、范围、规范性引用文件、术语和定义、程序确立、程序指示、追溯/证实方法；其中的核心技术要素包括程序确立、程序指示、追溯/证实方法。

在起草规程标准化文件时一定不能缺少上述的必备要素，尤其是核心技术要素。一旦缺少核心技术要素，该标准化文件就会变成无效的标准化文件。对于规

程标准化文件而言，上述的要素除了必备要素，其他的要素都是可选要素，因此规程标准化文件的起草者应当根据自己规程的实际情况合理地选择可选要素，也就是说对通用要素做减法，去掉那些不适合自己规程的可选要素，只保留那些适合自己规程的可选要素。

对于规程标准化文件要素的表述，应按照 GB/T 20001.6—2017 对各要素的表述规定进行，尤其是要准确地把握核心技术要素所使用的条款。

3.5.5　指南标准化文件的名称、框架、要素、核心技术要素

某团体或企业应当根据标准化需求分析的结果来决定是否需要研制指南标准。在编写指南标准化文件时，需要符合 GB/T 1.1—2020 的规定。首先按照 GB/T 20001.7—2017 对名称编写的要求确定指南标准化文件的名称，然后将 GB/T 20001.7—2017 中的指南标准化文件的要素全部列出。指南标准化文件应具备的通用要素包括：

- 封面；
- 目次；
- 前言；
- 引言；
- 标准名称；
- 范围；
- 规范性引用文件；
- 术语和定义；
- 符号代号和缩略语；
- 分类、标记和编码；
- 总体原则/总体要求；
- 需要考虑的因素；
- 证实方法；
- 规范性附录；
- 资料性附录。

按照 GB/T 1.1—2020 的规定对上面的要素进行分析，其中的必备要素包括封面、前言、标准名称、范围、规范性引用文件、术语和定义、需要考虑的因素；其中的核心技术要素是需要考虑的因素。

在起草指南标准化文件时一定不能缺少上述的必备要素，尤其是核心技术要

素。一旦缺少核心技术要素，该标准化文件就会变成无效的标准化文件。对于指南标准化文件而言，上述的要素除了必备要素，其他的要素都是可选要素，因此指南标准化文件的起草者应当根据自己指南的实际情况合理地选择可选要素，也就是说对通用要素做减法，去掉那些不适合自己指南的可选要素，只保留那些适合自己指南的可选要素。

对于指南标准化文件要素的表述，应按照 GB/T 20001.7—2017 对各要素的表述规定进行，尤其是要准确地把握核心技术要素所使用的条款。

第 4 章
产品标准化文件的编写

4.1 产品标准化文件概述

产品标准是最重要的技术标准，它是产品质量的衡量依据，很多国际标准都是产品标准。在我国的标准中，大量的国家标准和行业标准都是产品标准，产品标准占有重要地位。随着世界经济全球化和 WTO/TBT 规则的实施，世界各国越来越重视产品标准，它已经成为商品进出口必须遵守的规则。

在团体和企业标准中，产品标准同样占有重要的地位，并占有很大的比例。制定产品标准的目的是提高企业的产品质量，加强企业的生产管理，保证产品的安全可靠。不是所有的产品都必须制定团体和企业产品标准，大部分产品不需要制定产品标准，只需要遵守相关的国家标准或行业标准。需要制定产品标准的情况主要有以下 2 种：

（1）企业生产的产品没有相应国家标准、行业标准和地方标准，应当制定对应的产品标准。

（2）为促进技术进步和提高产品质量，需要制定严于国家标准、行业标准和地方标准的产品标准。

ISO 在标准化方法上采用了 PDCA 循环，尤其重视过程方法。在编制产品标准时，一定要进行科学的调研和分析，以确定是否需要制定该标准，并且要在编制该产品标准之前收集相关的文献资料，如相关的国际标准、国家标准及行业标准。对于那些出口产品，在编写产品标准化文件时一定要参考相关国家的技术法规和相关标准，以免出口产品无法达到进口国的相关技术法规或标准的要求，造成经济损失。在编写产品标准化文件时可采用第 3 章介绍的方法，将 GB/T 1.1—2020、GB/T 20001.10—2014 和相关领域的业务知识结合起来，以编写出符合用户需求的产品标准。

4.2 产品标准化文件的编写方法

4.2.1 产品标准化文件的编写原则

在第 3 章阐述的标准化文件编写方法中，首先要求起草者确定编写产品标准化文件的原则。编写产品标准化文件的原则如下：

- ⊃ 目的性原则；
- ⊃ 性能最大自由度原则；
- ⊃ 可验证性原则；
- ⊃ 数值的选择性原则；
- ⊃ 多产品规格协调原则；
- ⊃ 避免重复原则。

4.2.2 产品标准化文件的结构

按照 GB/T 1.1—2020 和 GB/T 20001.10—2014 的要求，产品标准化文件应具备 3.5.1 节给出的要素，这些要素是在编写产品标准化文件时的常见要素。在编写的产品标准化文件时，绝大多数情况下的要素是少于 3.5.1 节给出的要素的。需要产品标准化文件的起草者注意的是，封面、前言、标准名称、范围、规范性引用文件、术语和定义、技术要求、试验方法（包括型式试验方法）是必备要素，也就是说在这些因素必须出现产品标准化文件中。尤其是技术要求和试验方法（包括型式试验方法）是核心技术要素，是整个产品标准化文件的核心部分。核心技术要素的好坏直接关系到产品标准化文件的质量。产品标准化文件的起草者务必要充分重视核心技术要素的编写。对于核心技术要素中的技术要求，一定要使用要求型条款进行表述；试验方法要采用指示型条款和陈述型条款进行表述。必备要素之外的其他要素都是可选要素，产品标准化文件的起草者必须根据自己产品的实际情况选择合适的可选要素，同时按照 GB/T 1.1—2020 的规定对于所有要素使用适合的条款进行表述。

4.2.3　产品标准化文件的要素起草

（1）产品标准化文件的名称一般采用产品的名称。

（2）产品标准化文件的范围应明确涉及的具体产品，并顺序指出涉及的具体内容，如符号代号和缩略语，分类、标记和编码，技术要求，取样，试验方法（包括型式试验方法），检测规则，标志、包装、运输、贮存等；同时应在范围中指出标准的预期用途和适用界限、或标准的使用对象。

（3）产品标准化文件中的符号代号和缩略语，分类、标记和编码为可选要素，可以为符合规定的产品建立一个分类、标记和编码体系。

（4）技术要求是产品标准化文件的核心技术要素，通常包括一般要求、适用性要求和其他要求。

①一般要求包括：

➲ 直接或以引用方式规定产品的所有特性；

➲ 可量化特性所要求的极限值；

➲ 针对每项要求，引用测定或验证特性值的试验方法或直接规定试验方法。

②适用性要求包括：

➲ 可用性；

➲ 健康、安全、环境或资源合理利用；

➲ 接口、互换性、兼容性或相互配合；

➲ 品种控制。

③其他要求包括：

➲ 产品的结构；

➲ 材料；

➲ 工艺；

➲ 其他相关的要求。

（5）产品标准化文件中取样为可选要素，它规定取样的条件和方法，以及样品的保存方法。

（6）试验方法同样是产品标准化文件的核心技术要素，是必备要素，包括：

➲ 一般试验的要求；

➲ 试验方法的内容；

➲ 可供选择的试验方法；

➲ 按准确度选择试验方法。

这里必须要说一下产品的型式试验。型式试验是指为了验证产品能否满足技术规范的全部要求所进行的试验，它是新产品鉴定中必不可少的一个环节。只有通过型式试验，该产品才能正式投入生产。对产品认证来说，一般不对再设计的新产品进行认证。

为了达到认证目的而进行的型式试验，是对一个或多个具有代表性的样品利用试验手段进行合格性评定。对于通用产品来说，型式试验的依据是产品标准。对于特种设备来说，型式试验是取得制造许可的前提，试验依据是型式试验规程或型式试验细则。

型式试验的检测范围包括：

➲ 新产品或老产品转厂生产的试制定型检验；

➲ 正式生产后，如结构、材料、工艺有较大的改变，可能影响产品质量及性能时；

➲ 正式生产后，定期或积累一定产量后，应周期性地进行一次检验；

➲ 产品长期停产后，恢复生产时；

➲ 本次出厂检验结果与上一次型式检验有较大的差异时；

➲ 国家质量监督机构提出进行型式检验要求时。

（7）检验规则。产品标准化文件中的检验规则为可选要素，针对标准的一个或多个特性给出测量、检查、验证产品符合技术要求所遵循的规则、程序或方法等内容。产品标准化文件不涉及合格评定方案和制度的通用要求。如果产品标准化文件中需要规定检验规则，则应指出检验规则的适用范围，必要时还需要指出供应商、用户和合格评定机构分别使用的检验类型、检验项目、批组规则、抽样方法以及判定规则等。

（8）标志、标签和随行文件包括：

➲ 一般要求；

➲ 对标志、标签的要求；

➲ 产品随行文件的要求。

（9）包装、运输和贮存。产品标准化文件中标志、包装、运输和贮存为可选要素，需要时可规定产品的包装、运输和贮存条件等技术要求。

4.2.4　产品标准化文件的数值选择

产品标准化文件的数值选择包括：

➲ 极限值：根据特性的用途可规定极限值（最大值或最小值）。

•　可选值：根据特性的用途可选择多个数值。

•　由供方确定的值：在多样化情况下不必对产品某些特性规定特性值。

以上是编写产品标准化文件时的部分要素规定，在编写产品标准化文件时应该遵守上述规定。

4.3　产品标准化文件案例

虚拟现实（VR）激光雷达三维扫描相机是虚拟现实（VR）技术、激光雷达技术以及三维扫描技术的集成应用，其内部的主要组件包括激光雷达、彩色相机、电机、计算和控制单元等。其中，激光雷达是三维结构信息的探测部件；彩色相机是物体颜色信息的采集部件；电机负责设备的旋转并输出实时的角度、位置信息；计算和控制单元负责控制传感器完成数据采集工作并进行数据合成。虚拟现实（VR）激光雷达三维扫描相机的工作原理是通过电机底部的螺孔将设备架设在三脚架上，由电机控制设备的旋转，通过融合在不同电机旋转角度获取的激光雷达和彩色相机数据，可得到单个点的彩色全景图和深度点云图。由于虚拟现实（VR）激光雷达三维扫描相机集成了虚拟现实（VR）技术、激光雷达技术和三维扫描技术，因此得到了广泛的应用。为了不断提高产品质量、更好地满足市场需求，使虚拟现实（VR）激光雷达三维扫描相机在设计、制造、试验以及用户对于设备的选型和配置方面更为规范，因此制定了《虚拟现实（VR）激光雷达三维扫描相机通用技术规范》。由于虚拟现实（VR）激光雷达三维扫描相机与立体相机和数码相机具有共性，并且又具有虚拟现实（VR）技术、激光雷达技术和三维扫描技术的特性，因此该产品标准的性能是三者的组合。

附录 A 给出了《虚拟现实（VR）激光雷达三维扫描相机通用技术规范》的报批稿，供读者理解产品标准化文件的编写方法。

第 5 章
试验方法标准化文件的编写

5.1 试验方法标准化文件概述

以试验、检测、分析、抽样、统计、测量、作业等各种方法为对象制定的标准称之为方法类标准，这类标准主要涉及技术，通常又称为技术方法类标准。在现实世界中，很可能会经常起草管理方法类标准化文件（如评价方法、认定方法），也可能会遇到服务方法类标准化文件，因此，在起草方法类标准化文件之前，首先要确定是起草的是技术方法类标准化文件，还是起草管理方法类标准化文件或服务方法类标准化文件。

方法类标准是一类非常重要的标准，无论 ISO/IEC，还是其他国际组织的标准化团体，都非常重视方法类标准的研制。ISO/IEC 早期制定的标准在有很大比例上都是试验方法标准和产品标准；美国材料与试验协会（International Association for Testing Materials，ASTM）的大部分标准都是材料和产品的试验方法标准。

试验方法标准是给出测定材料、部件、成品等的特性值、性能指标或成分的步骤，以及得出结论的方式的标准。试验方法标准化是将试验方法作为标准化对象，建立测定指定特性或指标的试验步骤和结果计算规则，为试验活动和过程提供指导。试验方法标准的目的是促进相互理解。试验方法标准化文件在文本形式上具有典型的结构、特定的要素构成以及相应的内容表述规则，其主要技术要素包括仪器设备、样品、试验步骤、试验数据处理和试验报告等。

试验方法是分析方法、测量方法等的统称。在实践中，对材料、部件、成品等的指定特性或指标的测定可能涉及化学和光谱化学分析、机械或电工、风化试验燃烧、辐射照射等多种不同类型的试验。

由于试验方法的种类很多，本章仅给出化学分析的试验方法标准化文件的编写方法。

5.2　试验方法标准化文件的编写方法

5.2.1　试验方法标准化文件的编写原则

在第 3 章阐述的标准化文件编写方法中，首先要求起草者确定编写试验方法标准化文件的原则。编写试验方法标准化文件的原则如下：

- 试验方法标准化文件的结构和编写规则应符合 GB/T 1.1—2020 的规定；
- 针对同一特性的测定，由于适用的产品不同，所采用的测试技术也不同，因此需要多种试验方法，这时宜将每种试验方法作为单独的标准或单独部分进行编写；
- 试验方法应能够确保试验结果的准确度在规定要求的范围内，在必要时，试验方法标准化文件应包含关于试验结果准确度限制值的描述。

5.2.2　试验方法标准化文件的结构

按照 GB/T 1.1—2020 和 GB/T 20001.4—2015 的要求，试验方法标准化文件应具备 3.5.2 节给出的要素，这些要素是在编写试验方法标准化文件时的常见要素。在编写的试验方法标准化文件时，绝大多数情况下的要素是少于 3.5.2 节给出的要素的。需要试验方法标准化文件的起草者注意的是，封面、前言、标准名称、范围、规范性引用文件、术语和定义、试验步骤、试验数据处理是必备要素，也就是说在试验方法标准化文件中必须出现这些要素。尤其是试验步骤和试验数据处理，这两个要素是核心技术要素，是整个试验方法标准化文件的核心部分，这两个要素的好坏直接关系到试验方法标准化文件的质量，试验方法标准化文件的起草者要务必充分重视。对于核心技术要素中的试验步骤，一定要使用指示型条款和要求型条款进行表述；试验数据处理要采用陈述型条款和指示型条款进行表述。除了上述的必备要素，其他的要素都是可选要素，试验方法标准化文件的起草者必须根据试验方法的实际情况选择适合自己的可选要素，同时要按照 GB/T 1.1—2020 的规定对所有的要素使用适合的条款进行表述。

上面解析的是试验方法标准化文件属于技术方法类标准化文件。而对于管理方法类标准化文件和服务方法类标准化文件，它们也有自己的核心技术要素。例如，服务方法类标准化文件的核心技术要素是服务步骤和服务数据处理。对于任何一个标准，最重要的就是确定该标准化文件的类别，首先确定标准化文件结构和要素，尤其是核心技术要素，然后就是各要素的表述。掌握这个方法后，起草的标准化文件就不会出大的错误。

5.2.3　试验方法标准化文件要素的起草

（1）试验方法标准化文件的名称通常由 3 种要素组成，即试验方法适用的对象、所测试的特性、试验方法的性质，如"医疗器械　消毒液浓度　试纸"。

（2）如果所测试的样品、试剂或试验步骤对健康或环境可能有危险或可能造成伤害，则应指明需要的注意事项，以引起该标准的使用者的注意。

（3）试验方法标准化文件的范围应简要地指出要测定的特性，并特别说明所适用的对象。在必要时，还可指出试验方法标准化文件不适用的界限或存在的各种限制。

（4）在必要时应指明试验方法的基本原理、方法性质和基本步骤。

（5）如果试验方法会受到试验对象本身之外的试验条件的影响，如温度、湿度、气压、风速、流体速度、电压和频率等，则应在试验方法标准化文件的"试验条件"中明确指明开展试验所需的条件和要求。

（6）试剂或材料通常包括试验中使用的所有试剂或材料，因此需要详细列出试剂或材料。

（7）应在试验前详细列出仪器设备的名称和特性。

（8）应给出制备样品的所有步骤，明确试验前样品应满足的条件，如尺寸、数量、技术状态、特性、存储条件等。

（9）试验步骤包括试验前的准备工作和试验的实施步骤。

（10）试验包括预实验、验证试验、空白试验、比对试验、平行试验等。

（11）在进行试验数据处理时，应列出试验所录取的各项数据，并给出试验结果的表示方法或结果计算方法。

（12）对于试验方法，应指明其精密度数据。测量不确定度是表征试验方法所得到的试验结果或测量结果的分散性参数。在必要时，可给出测量不确定度。

（13）应说明质量保证和控制的程序，并给出有关控制样品、控制频率以及控制准则等内容，同时还要给出当出现过程失控时应采取的措施。

（14）试验报告至少应包括以下内容：

➲ 试验对象；

➲ 所使用的试验标准；

➲ 所使用的方法；

➲ 试验结果；

➲ 观察到的异常现象；

➲ 试验日期。

（15）特殊情况包括测试的样品中是否含有特殊成分，而需对试验步骤做出的各种修改。

以上是编写试验方法标准化文件时的部分要素规定，在编写试验标准化文件时应该遵守上述规定。

5.3　试验方法标准化文件案例

北清康灵医疗器械消毒液为复合配方消毒产品，卫生部于 2002 年发布了《消毒技术规范》，其中的 2.2.1 条（消毒产品原料或单方制剂的测定法）规定不适用于本产品。因此，根据 2002 年发布的《消毒技术规范》的 2.2.2 条（复方消毒产品有效成分含量测定的指导原则）开发了此测定方法。该测定方法通过了可靠性论证。

附录 B 给出了《北清康灵®医疗器械消毒液有效成分测定》的报批稿，供读者理解试验方法标准化文件的编写方法。

第 6 章
规范标准化文件的编写

6.1　规范标准化文件概述

  本书在 2.5 节解析了标准化文件的分类。在 1998 年颁布的《中华人民共和国标准化法》中，将标准分为技术标准、管理标准和工作标准三大类。目前国际上通常按照标准化对象对标准进行分类，将标准划分为产品标准、过程标准和服务标准。因此，我国在标准的分类上也开始接受按照标准化对象对标准进行分类的方法。但是在实际应用时，往往也结合老的分类方法，即将标准分为技术标准、管理标准和工作标准三大类。

  对产品、过程和服务等标准化对象进行标准化的典型方法就是在标准中规定这些标准化对象需要满足的要求。如果有必要判定声称符合这些标准的各种活动及结果是否满足这些要求，就需要在标准化文件中描述对应于这些要求的证实方法。这样形成的标准即规范标准。规范标准的功能通常是通过提供可证实的要求对标准化对象进行规定，其必备要素包括要求和证实方法。这两个要素是规范标准区别于其他类型标准的一个显著特征，它们的有机结合使得判定各种活动及其结果是否符合标准的规定成为可能。因此，规范标准可以作为采购、贸易的基础，作为判定产品、过程、服务的符合性依据，作为自我声明、认证的基准。

  在研制规范标准时一定要进行科学的调研和分析，以确定是否需要制定该标准，并且在编写该规范标准化文件前不仅要收集相关的文献资料（如相关的国际标准、国家标准和行业标准），还要参考其他国家的技术法规和相关标准。在编制规范标准化文件时，可采用第 3 章介绍的方法，将 GB/T 1.1—2020、GB/T 20001.5—2017和相关领域业务知识结合起来，以编写出符合用户需求的规范标准。

6.2　规范标准化文件的编写方法

6.2.1　规范标准化文件的编写原则

在第 3 章阐述的标准化文件编写方法中，首先要求起草者确定在编写规范标准化文件时应遵守的原则。通常编写规范标准时应遵循下面的原则：

6.2.1.1　目的导向原则

目的导向原则是指在编写标准化文件时需要考虑编写标准化文件的目的，并以确认的目的为导向。在起草规范标准化文件时，需要明确标准化的目的。在此基础上对标准化对象进行功能分析，有助于识别标准化文件中拟标准化的特性和内容。标准化的目的通常有保证可用性、保障健康安全、保护环境或促进资源的合理利用，便于接口、互换、兼容或相互配合，利于品种控制，促进相互理解和交流等。

6.2.1.2　性能/效能原则

性能/效能原则是标准化文件中要求的表述原则，即标准化文件中的要求由反映产品性能、过程、或服务效能的具体特性来表述，通常不使用其他特性（如描述特性、设计特性等）来表述，以便给技术发展留有最大的自由度。在遵守性能/效能原则时，要注意确保要求中不遗漏对标准化功能产生重要影响的产品性能或过程和服务效能。

性能/效能原则是考虑如何针对特性规定要求时优先考虑的原则。在遵守这一原则时，不仅有可能无法确定恰当的性能/效能特性及特性值，也有可能引入那些既耗时又复杂且昂贵的证实过程，还有可能无法找到恰当的证实方法。因此，是采用性能/效能特性表述要求，还是采用其他特性表述要求，需要标准化文件的起草者权衡利弊。

6.2.1.3　可证实性原则

可证实性原则指在标准化文件中只规定能够在较短时间内可以得到证实的要求。遵守可证实性原则意味着针对要求描述对应的证实方法，但这并不意味着这些方法一定要实施。只有在应有关方面要求时才予以实施。

规范标准化文件中规定的每个要求都需要符合可证实性原则，因此仅定性地规定要求或规定没有证实方法的定量要求通常都是没有意义的。

6.2.2　规范标准化文件的结构

按照 GB/T 1.1—2020 和 GB/T 20001.5—2017 的要求，规范标准化文件应具备 3.5.3 节给出的要素，这些要素是在编写规范标准化文件时的常见要素。在编写的规范标准化文件时，绝大多数情况下的要素是少于 3.5.3 节给出的要素的。需要规范标准化文件的起草者注意的是，封面、前言、标准名称、范围、规范性引用文件、术语和定义、要求、证实方法是必备要素，也就是说在规范标准化文件必须出现这些要素。尤其是要求和证实方法，这两个要素是核心技术要素，是规范标准化文件的核心部分。要求和证实方法的好坏直接关系到规范标准化文件的质量，必须引起规范标准化文件起草者重视。在规范标准化文件中，要求一定要使用要求型条款表述；证实方法要采用指示型条款或陈述型条款表述。除了上述必备要素，其他的要素都是可选要素，规范标准化文件的起草者必须根据规范的实际情况选择合适的可选要素，同时按照 GB/T 1.1—2020 的规定对所有要素使用适合的条款进行表述。

上面解析的是规范类标准化文件的结构，可以扩展到技术规范标准化文件、管理规范标准化文件、安全规范标准化文件、服务规范标准化文件。显然，技术规范标准化文件、管理规范标准化文件、安全规范标准化文件、服务规范标准化文件有各自的核心技术要素。

6.2.3　规范标准化文件要素的编写

6.2.3.1　规范标准化文件名称的编写

规范标准化文件的名称应包含词语"规范"，以表明标准的类型。

6.2.3.2　规范标准化文件范围的编写

规范标准化文件的范围应对主要的技术内容进行提要式的说明，指明规定的要求和证实方法。

6.2.3.3　规范标准化文件要求的编写

（1）通用规定。规范标准化文件中的要求应通过直接或引用的方式规定以下内容：

- 保证产品/过程/服务适用性的所有特性；
- 特性值；
- 适宜时，描述证实方法。

当标准化对象为系统时，规范标准化文件中的要求应通过直接或引用的方式规定以下内容：

- 保证完整的、已安装的系统适用性的所有特性，还可以包括系统各构成要素的特性；
- 特性值；
- 适宜时，描述证实方法。

（2）产品规范标准化文件的要求编写。在编写产品规范标准化文件的要求时应注意以下几点：

- 产品规范标准化文件的要求编写应遵守性能原则，即标准化文件中的要求由反映产品性能的具体特性来表述，不使用其他特性（如描述特性、设计特性等）来表述，以便给技术发展留有最大的自由度。
- 产品规范标准化文件通常在要求中对使用性能、理化性能、生物学/病理学/病毒学性能环境适应性、人类工效学性能等产品性能进行规定。在选择各类产品性能以及确定具体特性时，可参考下面的内容：
  - 使用性能：优先考虑规定直接反映产品使用性能的特性，在无法规定或找到直接反映产品使用性能的特性时，可使用间接反映使用性能的可靠代用指标。
  - 理化性能：当产品的理化性能对其使用十分重要或产品的使用需要理化性能加以保证时，规定产品的物理、化学和电磁方面的特性。
  - 生物学/病理学/毒理学性能：当产品的生物学、病理学、毒理学性能对其使用十分重要或产品的使用需要用生物学、病理学、毒理学性能加以保证时，规定产品的生物学、病理学、毒理学方面的特性。
  - 环境适应性：当产品本身对使用的环境条件有适应性要求时，规定产品对温度、湿度、气压、海拔、冲击、振动、辐射等适应性程度的特性。
  - 人类工效学：当人机界面上用户的体验会影响产品使用效果时，规定产品的人机界面，以满足视觉、听觉、味觉、嗅觉、触觉等感官需求的特性。

⮑ 产品规范标准化文件的要求通常不对产品结构进行规定。

⮑ 产品规范标准化文件的要求通常不对材料进行规定。

⮑ 产品规范标准化文件的要求通常不对生产过程、工艺等进行规定。

（3）过程规范标准化文件的要求编写。

⮑ 过程规范标准化文件在表述要求时应遵守效能原则，即标准化文件中的要求由反映过程效能的具体特性来表述，而不应对履行过程的具体行为进行规定。

⮑ 当无法确定反映过程效能特性，或者当过程效能的实现需要活动内容加以保证时，可对活动内容的特性进行规定。

⮑ 当无法确定反映过程效能特性，或者当过程运作的控制条件对于达到预期效果十分重要，需要控制条件加以保证时，可规定与运作的控制条件有关的特性，如温度、湿度、水分、杂质等。

⮑ 过程规范标准化文件可根据实际需要在规定要求之前陈述执行某个过程所经历的程序、阶段或步骤。

（4）服务规范标准化文件的要求编写。

⮑ 服务规范标准化文件的要求编写应遵守效能原则，即标准中的要求由反映服务效能的具体特性来表述；通常不应对组织机构、人员资质或提供服务的物品、设备等进行规定。

⮑ 服务规范标准化文件应首先选择服务提供者与服务对象接触界面的要求。通常应针对以下类别的服务效能规定要求：服务效果、宜人性、响应性、普适性等。选择各类服务效能以及确定具体特性可考虑以下内容：

- 服务效果：优先考虑规定反映服务需达到的效果的特性或预期交付服务对象的服务的特性，如满意度、有效投诉率、差错率等。

- 宜人性：当服务对象的体验感受对实现服务效果十分重要，或者服务效果需要通过限定服务提供者的行为加以保证时，规定服务提供的便利性、舒适性、愉悦性、感受性等方面的特性以及服务行为要求。

- 响应性：当服务效果需要通过规定响应服务对象需求的能力加以保证时，规定反映服务对象并及时提供服务的特性。

- 普适性：当服务的适用范围和程度对于服务效果的实现非常重要时，规定反映照顾和考虑所有服务对象的需求的特性。

⮑ 当无法确定反映服务的效能的特性，或者当服务效能的实现确实需要服务内容加以保证时，服务规范标准化文件可规定与服务内容有关的特性，如服务内容的构成、辅助服务提供的文件或材料等。

- 当无法确定反映服务的效能的特性,或者当服务效能的实现确实需要服务环境加以保证时,服务规范标准化文件可规定与服务环境有关的特性。
- 当服务规范标准化文件选择不出将要进行标准化的内容或特性,不得不对机构或人员资质、设备设施等提出要求时,应引用现行适用的相关标准,当没有适用的标准时可在附录中做出适当的规定。

6.2.3.4　规范标准化文件要求的表述

- 服务规范标准化文件中的要求,都应以要求型条款表述。
- 为了保证可证实性,规范标准化文件中不应使用诸如"适当的强度""足够坚固""相对完善"等无法证实的表述形式。
- 适宜时,规范标准化文件中的要求型条款可使用表格的形式表述。

6.2.3.5　规范标准化文件证实方法的编写

规范标准化文件中的证实方法可以是测量和试验方法、信息化方法以及主观评价等。

(1)证实方法的一般要求。

- 规范标准化文件中针对要求中的每项规定都应描述对应的证实方法。
- 证实方法作为单独的章时,应按照与其具有对应关系的要求的先后次序编写。
- 编写证实方法时,如果存在现行适用标准,那么应引用这些标准;如果没有适用的标准,则可在规范标准化文件中描述相应的证实方法。
- 如果存在多种适用的证实方法,原则上只描述一种方法。由于某种原因需要列入多种方法时,应指明仲裁方法。

(2)证实方法的内容和编写。

- 编写测量和试验方法时,应包括用于产品、过程或服务是否满足要求以保证结果再现性的所有条款,通常应包含测量/试验步骤和数据处理。综合考虑相关因素,还可增加其他内容,如试剂或材料、仪器设备、技术条件、环境条件等。
- 编写信息化方法以及主观评价等其他证实方法的主体、实施频率,以及扫描上传、观察、记录、确认/评价的内容,及其相应的计算方法等。

6.3 规范标准案例分析

附录 C 给出了《室内儿童软体游乐设备安全技术规范》的报批稿，该规范是一个安全技术规范标准。《室内儿童软体游乐设备安全技术规范》的技术内容是针室内儿童软体游乐设备特点，对内部组合的特殊游乐设备（如滑梯、滑筒、滑车、滑竿、蹦床、秋千、吊环、软体球池、拳击袋、沙池、炮阵、攀爬墙、小型电动软体游乐设备、小型气压弹射类、小型机械骑行类等）提出了附加安全技术要求。

由于《室内儿童软体游乐设备安全技术规范》不仅是一个技术规范，而且涉及安全和儿童等内容，因此编写该标准化文件时不仅要参考 GB/T 20001.5—2017，还要参考 GB/T 20000.4—2004 以及 GB/T 20002.1—2008。

第 7 章
规程标准化文件的编写

7.1 规程标准化文件概述

规程通常是指那些为设备、构件或产品的设计、制造、安装、维护或使用推荐惯例或程序的文件。规程标准的标准化对象为过程。对过程进行标准化，典型的做法之一就是在标准中对过程效能提出要求。然而，实践中，有时不能清晰识别出过程的效能特性和特性值，或者技术上能够识别但由于其他原因致使不能制定过程规范标准；有时已经有现行的相关规范，但有必要为获得的开展规定明确的"程序"。针对这些情况，通常可以考虑规定一系列明确的履行程序的行为指示以及程序的阶段/步骤之间的转换条件/程序最终结束条件。如果有必要判断声称符合这些标准的各种活动是否履行了标准中规定的程序，就要在标准中描述对应的追溯/证实方法。这样形成的标准即规程标准。规程标准的功能是通过明确具体、可操作、可履行的行为指示的方式对过程/程序进行规定，其必备要素包括程序确立、程序指示、追溯/证实方法。这三个要素是规程标准区别于其他类型标准的一个显著特征，它们的有机结合使得判定各种活动是否履行了规定的程序成为可能。

ISO 在标准化方法上采用了 PDCA 循环，尤其重视过程方法。在研制规程标准时，一定要进行科学的调研和分析，以确定是否需要该标准，并且在编写规程标准化文件之前要收集相关的文献资料，如相关的国际标准、国家标准及行业标准。在编写规程标准化文件时可采用第 3 章介绍的方法，将 GB/T 1.1—2020、GB/T 20001.6—2017 和相关领域的业务知识结合起来，以编写出符合用户需求的规程标准。

7.2 规程标准的编写方法

7.2.1 规程标准化文件的编写原则

在第 3 章阐述的标准化文件编写方法中，首先要求起草者确定在编写规程标准化文件时应遵守的原则。通常编写规程标准化文件时应遵循下面的原则：

7.2.1.1 可操作性原则

可操作性原则即标准化文件中规定的履行程序的行为指示清晰、明确、具体，易于操作和履行。

可操作性原则意味着只要执行标准化文件中规定的行为指示，并且遵守阶段/步骤之间的转换条件或程序最终结束条件，就可以顺利地履行完成标准化文件中确立的程序。

规程标准化文件的程序指示中的规定需要符合可操作性原则。为此，要按照一定的规律对履行程序的行为给予指示，并且对程序中所需要的转换条件和约束条件规定明确的要求，以保证阶段/步骤之间的衔接是连贯的，程序的完成是明确的。

7.2.1.2 可追溯/可证实性原则

可追溯/可证实性原则即标准化文件中规定的程序是否被履行要能够通过溯源材料的提供或有关证实方法得到证明或证实。符合可追溯/可证实性原则意味着标准化文件中需要描述对应的追溯/证实方法，但这不意味着这些方法都一定要实施。只有应有关方面要求时才予以实施。

规程标准化文件的程序中的规定需要符合可追溯/可证实性原则，因此，含混的行为指示、转换条件或约束条件通常都是没有意义的。

7.2.2 规程标准化文件的结构

按照 GB/T 1.1—2020 和 GB/T 20001.6—2017 的要求，规程标准化文件应具备 3.5.4 节给出的要素，这些要素是在编写规程标准化文件时的常见要素。在编写的规程标准化文件时，绝大多数情况下的要素是少于 3.5.4 节给出的要素的。需要规程标准化文件的起草者注意的是，封面、前言、标准名称、范围、规范性引用文件、术语和定义、程序确立、程序指示、追溯/证实方法是必备要素，也就是说，这些要素必须出现在规程标准化文件中。尤其是程序确立、程序指示、追溯/证实方法，这三个要素核心技术要素，是规程标准化文件的核心部分。这三个要素的好坏直接关系到规程标准化文件的质量，务必引起规程标准化文件起草者的重视。在规程标准化文件中，程序确立要采用陈述型条款表述，程序指示采用要求型条款和指示型条款表述，追溯/证实方法要采用指示型条款和陈述型条款表述。除了上述的必备要素，其他的要素都是可选要素，规程标准化文件的起草者须根据规程的实际情况选择合适的可选要素，同时按照 GB/T 1.1—2020 的规定对所有的要素使用适合的条款进行表述。

上面解析的是规程类标准文件的结构，可以扩展到技术规程标准化文件、管理规程标准化文件和服务规程标准化文件。显然，技术规程标准化文件、管理规程标准化文件和服务规程标准化文件都有各自的核心技术要素。

7.2.3　规程标准化文件要素的编写

7.2.3.1　规程标准化文件名称的编写

规程标准化文件的名称应包含词语"规程"，以表明标准的类型。"规程"应译为"code of practice"。

7.2.3.2　规程标准化文件范围的编写

范围应对规程标准化文件中的主要技术内容做出提要式的说明，指明规程标准化文件中所针对的具体程序的名称，阐明规定了程序中哪些具体阶段/步骤的行为指示，以及转换条件或约束条件，指出所描述的追溯/证实方法。

7.2.3.3　规程标准化文件程序确立的编写

在编写程序确立要素时应满足以下要求：

（1）程序确立应按照通常的逻辑顺序确立规程标准化文件中所针对的具体程序的构成。根据规程标准化文件中规定的内容，程序确立给出的是可能某项活动的完整程序，也可能是程序的某个阶段。

（2）根据具体情况，程序可划分为步骤。如果程序内含有很多步骤，可先将程序细分为阶段，每个阶段再进一步细分为步骤。

（3）采用以下方式确立规程标准化文件中所针对的具体程序的构成：

① 使用陈述型条款；

② 使用流程图。

如果使用方式①足以清晰、明确地描述出程序的构成，那么可仅使用方式①确立程序。

如果程序很复杂，使用方式①不足以清晰、准确地描述出程序的构成，那么可综合运用方式①和方式②确立程序。在这种情况下，使用方式①描述程序构成的陈述型条款的内容宜简练，且方式①和方式②所表述的内容不应矛盾或冲突。流程图可包含具体确定含义的符号、简单的说明性文字等。流程图中所使用的符号、符号名称及用途应符合相关领域现行适用的标准的规定。

（4）当一个阶段/步骤存在多个可供选择的后续阶段/步骤时，应阐明这些后续阶段/步骤各自的适用情况。根据实际需要，还可阐明这些供选择的后续阶段/步骤之间的关系。

（5）根据具体情况。程序确立的内容可并入程序指示，并位于程序指示的起始部分。

7.2.3.4　规程标准化文件程序指示的编写

（1）程序指示应包括：

➲ 履行阶段/步骤的行为指示；

➲ 转换条件/结束条件。

根据履行程序的需要，在一个阶段/步骤存在多个可供选择的后续阶段/步骤时，程序指示应规定针对每个后续阶段/步骤的转换条件，并保证这些转换条件之间是合理、可区分的。

如果程序确立给出的是程序的某个阶段或者不需要规定转换条件，那么程序指示应规定结束条件。

（2）行为指示应按照通常的逻辑顺序编排，使用指示型条款表述。转换条件/结束条件应使用要求型条款表述。

（3）程序指示应根据程序确立的情况设置章或条。通常，阶段可以设置成章，步骤可以设置成条。根据履行阶段/步骤需要进行操作，规定相应的指示。

（4）行为指示宜以带有编号列项的形式编排，以便更好地展现先后顺序。

（5）如果在行为指示中可能存在危险，且需要采取专门措施，则应在程序指示的开头用黑体字标出警示的内容，并写明专门的防护措施。

7.2.3.5 规程标准化文件追溯/证实方法的编写

1. 概述

判定规程标准化文件中程序是否得到履行的方法为：

（1）追溯方法，包括过程记录/标记、录音、录像等；

（2）证实方法，包括对比、证明文件、测量和试验方法等。

对于行为指示，通常考虑编写过程记录/标记、录音、录像等追溯方法。对于转换条件，通常考虑编写对比、证明文件、测量和试验方法等证实方法。

2. 一般要求

（1）起草规程标准化文件应遵守追溯/可证实性原则。针对程序指示中规定的行为指示，应描述在关键节点对应的追溯方法；针对转换条件、结束条件，应描述满足这些条件对应的证实方法。追溯/证实方法在规程标准化文件中可以：

● 并入程序指示中；

● 作为单独的章；

● 作为规范性附录。

（2）当追溯/证实方法作为单独的章时，应按照与其具有对应关系的行为指示、转换条件、结束条件的先后次序编写。

（3）编写追溯/证实方法时，如果存在现行适用的标准，那么应引用这些标准；如果没有适用的标准，那么可在规程标准化文件中描述相应的追溯/证实方法。

如果存在多种适用的追溯/证实方法，原则上只描述一种方法。由于某种原因需要列入多种方法时，应指明仲裁方法。

3. 追溯/证实方法内容

（1）编写测量和试验方法，应包括：

● 试验步骤；

● 数据处理（包括计算方法、结果的表述）。

综合考虑相关需求等因素，还可以增加其他内容，如试剂或材料、仪器设备、技术条件、环境条件等。

（2）编写过程记录/标记、录音、录像、对比、证明文件等追溯/证实方法，应描述实施该特定证实方法的主体、实施频率、地点以及记录/标记/录制/对比/证明材料的内容等。

7.3 规程标准化文件案例

超高分子量聚乙烯通常指粘均分子量在 200 万以上的线性聚乙烯（高密度聚乙烯的分子量仅 2 万～30 万）。由超高分子量聚乙烯材料制作的浮标，具有高强度、耐腐蚀、免维护、寿命长、免机械施工、高环保等特点。目前国内外还没有相关的超高分子量聚乙烯浮标产品标准和产品生产规程标准，为了提高超高分子量聚乙烯浮标产品的质量，特制定《超高分子量聚乙烯浮标生产规程》。

附录 D 给出了《超高分子量聚乙烯浮标生产规程》的报批稿，供读者理解规程标准化文件的编写方法。

第 8 章
指南标准化文件的编写

8.1 指南标准化文件概述

在对某些宏观、复杂、新兴的主题进行标准化时，为了加强对主题的认识、揭示其发展规律，需要提供方向性的指导、具体建议或有参考价值的信息，这比规定有关主题的具体特性、规定活动开展的需要指南标准具体程序或描述具体的检测方法更能满足实际需求。在这种情况下就需要指南标准。指南标准的功能是提供普遍性、原则性、方向性的指导，或者同时给出相关建议或信息。指南标准化文件的必备要素是需考虑的因素，这也是指南标准化文件区别于其他标准化文件的一个显著特征。指南标准化文件能够帮助标准使用者起草相关标准（通常为方法标准、规范标准以及规程标准等）化文件或技术文件，或者形成与该主题有关的技术解决方案。

ISO 在标准化方法上采用了 PDCA 循环，尤其重视过程方法。在研制指南标准时，一定要进行科学的调研和分析，以确定是否需要制定该标准，并且在编写指南标准化文件之前要收集相关的文献资料，如相关的国际标准、国家标准及行业标准。在编写指南标准化文件可采用第 3 章介绍的方法，将 GB/T 1.1—2020、GB/T 20001.7—2017 和相关领域的业务知识结合起来，以编写出符合用户需求的指南标准化文件。

8.2 指南标准化文件的编写方法

8.2.1 指南标准化文件的编写原则

指南标准化文件中的指导是不可缺少的技术内容。指南标准化文件中的技术内容需要构成明确的指导方向，从而帮助标准的使用者起草涉及相关主题的标准（如方法标准、规范标准和规程标准）化文件或技术文件，或者形成与该主题有关的技术解决方案，实现指南标准化文件所要达到的目的。如果无法形成清楚、准确，且具有明确方向性的技术内容，那就意味着起草指南标准化文件的基本条件还不成熟。

8.2.2 指南标准化文件的结构

按照 GB/T 1.1—2020 和 GB/T 20001.7—2017 的要求，指南标准化文件应具备 3.5.5 节给出的要素，这些要素是在编写指南标准化文件时的常见要素。在编写的指南标准化文件时，绝大多数情况下的要素是少于 3.5.4 节给出的要素的。需要指南标准化文件的起草者注意的是，封面、前言、标准名称、范围、规范性引用文件、术语和定义、需要考虑的因素是必备要素，也就是说这些要素必须出现在指南标准化文件中。尤其是需要考虑的因素，它是核心技术要素，是整个指南标准化文件的核心部分。该要素的好坏直接关系到指南标准化文件的质量，要务必引起指南标准化文件起草者的重视。在指南标准化文件中，需要考虑的因素一定要使用推荐型条款和陈述型条款进行表述。除了上述的必备要素，其他的要素都是可选要素，指南标准化文件的起草者要根据指南的实际情况选择合适的可选要素，同时按照 GB/T 1.1—2020 的规定对于所有的要素使用合适的条款进行表述。

上面解析的是指南类标准化文件的结构，可以扩展到技术指南标准化文件、管理指南标准化文件和服务指南标准化文件。显然，技术指南标准化文件、管理指南标准化文件和服务指南标准化文件有各自的核心技术要素。

8.2.3　指南标准化文件的要素编写

8.2.3.1　指南标准化文件名称的编写

指南标准化文件的名称应包含词语"指南"，以表明标准的类型。"指南"应译为"guidance""guidelines"或"guide"。

8.2.3.2　指南标准化文件范围的编写

范围应对不同类别的指南标准化文件中的主要技术内容做出提要式的说明，指出需要考虑哪些因素，包含哪些方面的指导，以及哪些建议和信息。

8.2.3.3　指南标准化文件总则的编写

总则是对某主题的总体认识和把握，是经过提炼总结形成的具有适用性的指导原则。根据具体情况，总则的标题可以是总体原则、总体考虑、基本原则等。如果指南标准化文件设置了总则，那么应在总则的基础上编写需要考虑的因素的内容。

8.2.3.4　指南标准化文件需要考虑的因素的编写

1. 通则

需要考虑的因素是指南标准化文件的核心内容。根据具体情况，其标题还可以为需要考虑的内容、需要考虑的要点等。

指南标准化文件一般可分为但不限于试验方法类、特性类和程序类等类别。指南标准化文件类别的不同、所涉及主题的不同，需要考虑的因素的具体结构和内容也会不同。

2. 试验方法类指南标准化文件

如果对于某项试验方法的原理、条件和步骤等还不明确，那么可通过起草试验方法类的指南标准化文件，提供针对现有试验技术的指导、建议或信息，也可指导标准使用者形成相关的试验方法标准化文件、技术文件，或形成与试验方法有关的技术解决方案。

试验方法类指南标准化文件中的需要考虑的因素根据所涉及的主题来选择和确定，通常包括试验原理、试剂或材料、试验条件、仪器设备、试验步骤、试验数据处理以及试验报告等。在需要考虑的因素中，可提供方法性质、选择原则和需要考虑的要点等，从而提供指导或在指导的基础上提供建议；也可针对具体的需要考虑的因素推荐系列选择以及选择的原则，以供标准使用者选取。

试验方法类指南标准化文件中不应包括具体的原理、条件和步骤。

3. 特性类指南标准化文件

为了促进某些新兴或复杂的领域和系统的持续发展，有必要在发展初期就建立适用的规则。然而考虑到与所针对主题的功能直接相关的技术特性或特性值还不明确，可通过起草特性类指南标准化文件，提供针对特性选择、特性值选取的指导、建议或信息，也可以指导标准使用者形成相关的规范标准化文件、技术文件，或者形成与特性有关的技术解决方案。

特性类指南标准化文件中的需要考虑的因素的具体结构和内容与所涉及的主题有关，根据具体情况可考虑"特性选择""特性值选取"两个方面。在需要考虑的因素中，可提供选择特性或特性值的要素框架、确定原则和需要考虑的要点等，从而提供方向性的指导或在指导的基础上提供建议；也可针对特性值推荐供选择的系列数据，或一定范围的数据，供标准使用者选取；还可给出大量的具体技术内容的资料、文件、发展模式案例信息，供标准使用者在特性选择和特性值选取时参考。

特性类指南标准化文件中不应规定要求，也不应描述证实方法。

4. 程序类指南标准化文件

针对特定过程，若其活动的程序或程序指示不够明确，则可通过起草程序类指南标准化文件，提供针对程序确立和程序指示的指导、建议或信息，也可指导标准使用者形成相关的规程标准化文件和技术文件，或者形成与程序有关的技术解决方案。

程序类指南标准化文件的需要考虑的因素的具体结构和内容应能够表明该活动的规律，根据具体情况可考虑"程序确立""程序指示"两个方面。在需要考虑的因素中，可提供指导程序确立或程序指示的原则、方法和需要考虑的要点等，从而提供指导或在指导的基础上提供建议；也可针对程序指示推荐供选择的系列行为指示、转换条件/结束条件，并给出选择的原则，供标准使用者选取。

程序类指南标准化文件中不应规定具体的履行程序的指示和条件，也不应描述证实方法。

8.2.3.5　指南标准化文件要素的表述

（1）指南标准化文件通常包含指导、建议或信息等。在表述上，指导宜使用推荐型条款或陈述型条款，建议应使用推荐型条款，信息应使用陈述型条款。指南标准化文件中不应含有要求型条款，不应含有"要求""总体要求""一般要求"

"规定"等措辞。如果需要强调，可以使用"……是至关重要的""……是十分必要的""……是……重要因素""最重要的是……"等表述形式。

（2）提供指导时，通常在总则中予以表述，其他具体的指导宜表述在需要考虑的因素中相关章或条的起始部分。

（3）提供建议时，宜在指导的基础上给出具体内容，表述在需要考虑的因素中。

（4）给出信息时，宜将相关内容表述在需要考虑的因素中。

8.3　指南标准化文件案例

2020 年 9 月，应急管理部、中国科协、中央宣传部、科技部、国家卫生健康委联合印发了《关于进一步加强突发事件应急科普宣教工作的意见》（以下简称《意见》），提出加强开展应急科普主题宣教活动，积极开展知识宣讲、技能培训、案例解读、应急演练等多种形式的应急科普宣教活动，完善应急科普基础设施，推动建设应急科普宣教场馆，全面推进应急科普知识进企业、进农村、进社区、进学校、进家庭。

为贯彻落实《意见》相关要求，加强对体验式应急安全宣教基地（场馆）建设的指导，提供关于突发事件应对的模拟仿真体验及宣传教育，提升广大社会公众应急意识和应对能力，需要通过标准化的手段予以保证。根据服务受众不同，结合各类人员的需求特点，分别编制综合性体验式应急安全宣教基地建设指南和区域性、社区、校园体验式应急安全宣教场馆建设指南共 4 份标准。

《区域性体验式应急安全宣教场馆建设指南》为建设区域性体验式应急安全宣教场馆提供了标准化服务与支持。附录 E 给出了《区域性体验式应急安全宣教场馆建设指南》的报批稿，供读者理解指南标准化文件的编写方法。

第 9 章
服务标准化文件的编写

9.1 服务标准化文件概述

服务标准化是以服务活动作为标准化对象,其研究范围包括国民经济行业中的全部服务活动。开展服务标准化工作,有利于规范各服务行业的市场秩序、提高服务质量、增强服务企业的核心竞争力,为构建和谐社会提供有力的技术支撑。

通过制定和实施服务标准,以及运用标准化原则和方法,以达到服务质量目标化、服务方法规范化、服务过程程序化,从而获得优质服务的过程,称为服务标准化。服务质量目标化、服务方法规范化和服务过程程序化三者是不可分割的整体,由它们共同实现服务标准化的功能。

服务的标准化可以从不同的角度和侧面细化进行,现从以下两个方面进行讨论。一是服务流程层面,即服务的递送系统,向顾客提供满足其需求的各个有序服务步骤,服务流程标准的建立,要求对适合这种流程服务标准的目标顾客提供相同步骤的服务。二是提供的具体服务层面,即在各个服务环节中人性化的一面,例如,在一项服务接触或"真实瞬间"中,服务人员所展现出来的仪表、语言、态度和行为等。

服务流程标准化着眼于整体的服务,采用系统的方法,通过改善整个服务体系内的分工和合作方式,优化整个服务流程,从而提高服务的效率,保证服务质量。

顾客在接受服务的过程中,一方面希望获得专业化的服务,另一方面也希望得到极大的便利,减少等候时间、方便结算。因此,在编写服务流程标准化文件时,要以向顾客提供便利为原则,而不是为了公司内部实施方便等。例如,病人到医院看病时,要经历挂号、就诊、付款、取药等四个环节。即使每个环节的服务人员都工作得非常出色，也很难让病人满意。患者本来就已经很不舒服了，还要忍受这一系列烦琐的事情，即使由其他人代替，这也不是一个让人愉悦的过程。从某种程度上来讲，其流程还有待于进一步优化，以最大的可能来为患者提供便利。

服务的生产与消费通常是同步进行的，例如美容店的服务在没有出售前是不能提供的，服务在提供的同时被消费。这种同步性也意味着较高的顾客参与度，服务的质量与顾客满意度将在很大程度上取决于"真实瞬间"的情况，如果能在服务接触的瞬间（"接触瞬间"）提炼出可以标准化的部分，对企业本身而言无疑是一个较大的挑战，但同时也会成为服务的亮点。"接触瞬间"的服务标准化，主要体现为服务人员的仪表、语言、态度和行为标准等。

ISO 在标准化方法上采用了 PDCA 循环，尤其重视过程方法。在研制服务标准时，一定要进行科学的调研和分析，以确定是否需要制定该标准，并且在编写服务标准化文件之前要收集相关的文献资料，如相关的国际标准、国家标准及行业标准。在编写服务标准化文件时可采用第 3 章介绍的方法，将 GB/T 1.1—2020、GB/T 15624—2011、GB/T 28222—2011 和相关领域的业务知识结合起来，以编写出符合用户需求的服务标准。

9.2 服务标准化文件的编写要求

GB/T 28222—2011 规定，编写服务标准化文件时需满足以下基本要求：

- ⊃ 服务标准化文件的编写应符合 GB/T 1.1—2020 的规定；
- ⊃ 服务标准化文件的编写应依据服务行业发展现状和特点以及服务技术条件；
- ⊃ 服务标准化文件的编写应依据顾客需求，保护顾客权益，尤其是老年人、儿童、不同文化背景以及不同行为能力等特殊顾客的期望和权益（见 GB/T 24620—2022、GB/T 20002.1—2008 和 GB/T 20002.2—2008）；
- ⊃ 服务标准化文件的编写宜考虑安全和环保方面的要求（见 GB/T 20002.3—2014 和 GB/T 20002.4—2015）；
- ⊃ 服务标准化文件的编写应确保内容的明确、具体和完整；
- ⊃ 服务标准化文件的编写宜尽可能设定一些可量化的技术指标，并确保技术指标的适用性、可操作性及先进性。

9.3　服务标准化文件的类别

服务标准化文件主要包括以下类别：

（1）服务基础标准化文件：包括服务术语、服务分类、服务标识和符号。

（2）服务提供标准化文件：包括服务提供者、服务人员、服务环境、服务设施、服务用品、服务合同、服务过程、服务结果等。

（3）服务评价标准化文件：包括顾客满意度、顾客等级、服务质量评价。

9.4　服务标准化文件的主要内容

9.4.1　服务基础标准的主要内容

（1）服务术语的基本要求如下：内容完整、清晰的概念体系；

⮑ 反映行业和专业特点的术语；

⮑ 定义全面，描述简单；

⮑ 符合 GB/T 20001.1—2001 的要求。

（2）服务分类的主要内容如下：

⮑ 服务分类的原则；

⮑ 服务分类的依据；

⮑ 服务分类的具体内容；

⮑ 必要时，可使用代码来标志服务类别，并给出代码的说明。

（3）服务标识与符号的主要内容如下：

⮑ 服务标识与符号的内容；

⮑ 服务标识与符号的示意；

⮑ 服务标识与符号的设置；

⮑ 服务标识与符号的维护。

9.4.2　服务提供标准的主要内容

（1）服务提供者标准的主要内容如下：

◌ 服务提供者的资质，应遵守国家相关法律法规要求，并考虑相关标准规定，以及当前市场的准入条件等方面的要求；

◌ 人力资源，包括服务人力的配置比例、最低人数以及技能等要求；

◌ 社会责任及环境保护要求；

◌ 针对服务提供者的供方，制定相关的要求。

（2）服务提供条件标准的主要内容如下：

① 服务人员标准的主要内容如下：

◌ 服务技能与基本知识；

◌ 人员资质，工作岗位对于服务人员在健康、卫生、技能等方面的资质要求；

◌ 工作经验，可给出从事某项工作的年限、具体经验等方面的要求；

◌ 专业及学历要求，可给出服务人员在专业背景、学历方面的要求；

◌ 服务行为及态度，可给出服务人员在行为、仪容仪表、礼貌周到、顾客信息保密方面的要求；

◌ 专业培训，可给出培训的内容、培训课程设置、培训时长、培训频率等方面的要求；

◌ 人员绩效考核，可给出人员绩效考核制度的设置、考核具体指标及权重、考核流程及考核结果的处理方面的要求。

② 服务环境标准的主要内容如下：

◌ 服务场所的基本条件，可包括：

    ● 服务场所面积要求，可给出面积大小的确定原则和方法（如最低面积或范围）；

    ● 服务场所温度、湿度、光线、噪声、空气质量要求，应遵守国家相关法律法规的规定及标准的要求，也要结合服务本身的特点，给出细化的要求；

    ● 服务场所卫生要求，可给出垃圾桶设置，厕所、地面清洁与管理等方面的要求；

    ● 服务场所标识标志要求，可给出标识标志的总体要求，以及标识标志设置的地点和原则；

◌ 与服务本身相关的服务特色环境的营造，如主题公园的服务人员着装要考虑与具体主体场景相适应；

⏺ 服务环境的日常管理与维护，可给出日常管理制度设定，维护人员、频次、效果等要求；

⏺ 对服务环境方面的要求，如给出废水、废气、固体废弃物处理的具体规定，给出能源节约方面的具体规定。

③ 服务设施设备标准的主要内容如下：

⏺ 服务设施设备的技术要符合国家法律法规以及标准的规定，如计量器具的校准及使用应符合国家计量的相关规定；

⏺ 服务设施设备的种类、数量和布局要求；

⏺ 安全和卫生要求，并且适用其用途；

⏺ 与服务质量承诺相符；

⏺ 考虑潜在顾客的特殊要求，如设置无障碍设施；

⏺ 安装要求；

⏺ 检查和维护，可给出检查和维护的频次、效果等要求。

④ 服务用品标准的主要内容如下：

⏺ 服务用品的技术要符合国家的法律法规及标准的规定；

⏺ 安全要求，不得存在损害顾客及服务人员的健康因素；

⏺ 卫生要求，一次性服务用品不得重复使用，可重复使用的服务用品的清洁、消毒等具体要求；

⏺ 与服务质量承诺相符；

⏺ 不得使用超过使用年限的服务用品；

⏺ 服务用品的使用和处理要符合环境保护的相关要求。

⑤ 服务合同标准的主要内容如下：

⏺ 格式以及语言表述要求；

⏺ 约定的事项，包括：

　　● 服务的基本内容；

　　● 服务质量；

　　● 服务费用与支付；

　　● 服务验收；

　　● 服务补救；

　　● 争议解决；

⏺ 赔偿，包括：

　　● 赔偿方式；

　　● 赔偿条件；

- 特殊声明及提示。

⑥安全与应急标准的主要内容如下：

- 安全标志、警示信息的使用和维护；
- 疏散路线和安全出口的设置；
- 安全管理要求，包括：
  - 日常安全管理；
  - 突发事件应急管理；
- 安全技术要求和作业要求；
- 安全人员配备及教育培训。

（3）服务提供过程标准的主要内容如下：

①服务信息提供标准的主要内容如下：

- 服务项目名称、服务效果、服务时限、服务人员信息、联系方式、售后服务、投诉、赔偿等；
- 服务的适用条件（如服务人群、限制条件等）；
- 服务信息发布的位置和形式；
- 服务费用与支付信息；
- 安全等注意事项。

②服务交付标准的主要内容如下：

- 服务交付过程中所涉及的关键环节；
- 每一个关键环节的具体要求；
- 服务人员具体操作要求；
- 服务交付过程中的时限要求；
- 沟通要求，包括内部和外部沟通、沟通办法、沟通手段、沟通频率等；
- 出现服务问题时的处理规定等；
- 支付要求，可包括支付方式等要求。

③ 售后服务标准的主要内容如下：

- 售后服务信息处理，可包括顾客投诉信息的收集与分析；
- 售后服务提供的方式，可包括去指定网点或到顾客家中等；
- 免费提供售后服务的时限和产品配件，非免费售后服务的收费标准等；
- 售后服务的操作流程等；
- 售后服务跟踪调查，如对顾客进行回访。

④ 服务质量标准的主要内容如下：

- 功能性；
- 经济性；

- 安全性；
- 舒适性；
- 时间性；
- 文明性，包括服务人员的态度。

9.4.3 服务评价标准的主要内容

（1）顾客满意度标准的主要内容如下：
- 顾客满意度信息的收集和处理；
- 顾客满意度评价体系，可包括：
  - 评价体系的设置原则；
  - 评价指标的基本构成；
  - 评价指标的具体内容；
  - 评价指标的测试和设计方法；
- 顾客满意度调查方案，包括：
  - 抽样方式；
  - 调查方式；
- 顾客满意度评价方法等。

（2）服务等级标准的主要内容如下：
- 等级划分与对应的标识；
- 等级要求，即每一个级别的具体技术指标要求；
- 评定规则；
- 服务等级及标识管理。

（3）服务质量评价标准的主要内容如下：
- 评价原则和评价方法；
- 评价指标要素或评价指标体系；
- 评价组织机构和人员；
- 评价程序及具体要求；
- 服务改进措施和方法。

9.5　服务标准化文件的编写方法

9.5.1　服务标准化文件的编写要求

通常，编写服务标准化文件时应遵循下面的要求：

- ⊃ 服务标准化文件的编写应依据服务行业发展现状和特点以及服务技术条件；
- ⊃ 服务标准化文件的编写应依据顾客需求，保护顾客权益，尤其是老年人、儿童、不同文化背景以及不同行为能力等特殊顾客的期望和权益；
- ⊃ 服务标准化文件的编写宜考虑安全和环保方面的要求；
- ⊃ 服务标准化文件的编写应确保内容明确、具体和完整；
- ⊃ 服务标准化文件的编写宜尽可能设定一些可量化的技术指标，并确保技术指标的适用性、可操作性和先进性；
- ⊃ 服务标准化文件的编写应符合 GB/T 1.1—2020 的规定。

9.5.2　服务标准化文件的结构

服务管理标准化文件的结构应具有以下要素：

- ⊃ 封面；
- ⊃ 目次；
- ⊃ 前言；
- ⊃ 引言；
- ⊃ 标准名称；
- ⊃ 范围；
- ⊃ 规范性引用文件；
- ⊃ 术语和定义；
- ⊃ 服务的分类与标识；
- ⊃ 提供服务的条件；
- ⊃ 提供服务的过程；
- ⊃ 服务质量；

- 顾客满意度；
- 服务等级；
- 服务质量评价；
- 规范性附录；
- 资料性附录。

上面给出的这些要素是在服务标准化时的常见要素。通常编写的服务标准化文件的要素在绝大多数情况下是少于上述要素的。

9.5.3　服务标准化文件的要素编写

- 服务标准化文件的名称通常使用服务的名称，如中医按摩服务；
- 服务标准化文件中的服务分类包括服务分类原则、依据、具体内容，必要时可用代码表示服务的类别；
- 服务标准化文件中的服务标识包括标识与符号的内容、示意、设置、以及日常维护；
- 服务标准化文件中的服务条件包括服务人员、服务环境、服务设备设施、服务用品、服务合同等；
- 服务标准化文件中的服务提供过程包括服务信息提供、服务交付、售后服务等；
- 服务标准化文件中的服务质量包括经济性、安全性、舒适性、时间性、文明性；
- 服务标准化文件中的顾客满意度包括顾客满意度信息的收集、满意度指标体系，以及调查方案；
- 服务标准化文件中的服务等级包括等级划分与对应的标识、等级要求、评定规则等；
- 服务标准化文件中的服务质量评价包括评价原则和方法、评价指标要素与指标体系、评价机构和人员、评价程序和要求，以及服务改进措施等。

以上是编写服务标准化文件时部分要素的规定，在编写服务标准化文件时应该遵守上述规定。

9.6　服务标准化文件案例

通常，评价标准既可以作为方法类标准，也可以作为服务类标准。服务标准化文件中的核心技术要素是评价指标、评价流程、评价公式、评价报告，这 4 个要素通常是也是评价标准化文件的核心技术要素，缺一不可。

附录 F 给出的是《科技成果产业化评价服务》的报批稿，供读者理解服务标准化文件的编写方法。

第 10 章
分类与编码标准化文件的编写

10.1 分类与编码标准化文件概述

在通常情况下，人们对信息的理解是：一切有含义的具体或抽象的事物或概念的真相及相关陈述，可通过数据、消息及进一步细节表达出来。

在信息分类编码领域，信息的表现形式是数据。

客观、明确的信息是计算机建立信息系统以及数据在其中进行交换的先决条件。

在信息系统中，数据是用字符（通常为数字或字母）、算术符号以及描述来表示的，这些表示形式应该对其所涉及的每一个数据都有一个明确稳定的定义，从而实现处理与交流的目的。

信息要被不同用户组或应用系统所共享，就必须有一致认可的定义，举例来说，要有概念的语义含义（内涵）、概念的全部实例（外延）以及一致认可的表示法。

对各类信息概念的正确理解需要依赖于信息分类；对各类信息作出一致认可的表示需要依赖于信息编码。

分类与编码标准是针对某一标准化对象按照某个属性进行分类与编码的标准。分类与编码标准化是对标准化对象建立秩序的途径之一。编写分类与编码标准化文件的目的是促进相互理解，分类与编码标准化文件中所确立的分类与编码体系是对标准化对象进行标准化的基础。分类与编码标准化文件在文本形式上具有典型的结构、特定的要素构成以及相应的内容表述规则，其主要技术要素是分类与编码方法以及分类与编码结果。

信息分类是根据信息内容的属性或特征，将信息按一定的原则和方法进行区分和归类，并建立起一定的分类体系和排列顺序。

信息分类有两个要素：一是分类对象，二是分类的依据。分类对象由若干个被分类的实体组成，分类依据取决于分类对象的属性或特征。

信息内容属性的相同或相异，形成了各种不同的类。在信息分类体系中，类可称为类目。

信息编码是将事物或概念（编码对象）赋予具有一定规律、易于计算机和人识别处理的符号，形成代码元素集合。代码元素集合中的代码元素就是赋予编码对象的符号，即编码对象的代码值。

所有类型的信息都能够进行编码，如关于产品、人、国家、货币、程序、文件、部件等各种各样的信息。信息编码包含的内容包括数据表达成代码的方法、数据的代码表示形式、代码元素集合的赋值。信息编码的主要作用是标识、分类、参照。标识的目的是把编码对象彼此区分开，在编码对象的集合范围内，编码对象的代码值是其唯一性标志；信息编码的分类作用实质上是对类进行标识；信息编码的参照作用体现在编码对象的代码值可作为不同应用系统或应用领域之间发生关联的关键字。

10.2　信息分类与编码的原则和方法

10.2.1　信息分类的基本原则与方法

10.2.1.1　信息分类的基本原则

信息分类的基本原则如下：

- 科学性：宜选择事物或概念（即分类对象）最稳定的本质属性或特征作为分类的基础和依据。
- 系统性：将选定的事物、概念的属性或特征按一定排列顺序并予以系统化，形成一个科学合理的分类体系。
- 可扩延性：通常要设置收容类目，以保证在增加新的事物或概念时，不会打乱已建立的分类体系，同时，还应为下级信息管理系统在本分类体系的基础上进行延拓细化创造条件。
- 兼容性：应与相关标准（包括国际标准）协调一致。
- 综合实用性：分类要从系统工程角度出发，把局部问题放在系统整体中处理，达到系统最优。即在满足系统总任务、总要求的前提下，尽量满足系统内各相关单位的实际需要。

10.2.1.2 信息分类的基本方法

信息分类的基本方法有三种：线分类法、面分类法、混合分类法。其中线分类法又称层级分类法、体系分类法；面分类法又称为组配分类法。

1. 线分类法

线分类法是将分类对象（即被划分的事物或概念）按所选定的若干个属性或特征逐次分成相应的若干个层级的类目，并排成一个有层次的、逐渐展开的分类体系。在这个分类体系中，被划分的类目称为上位类，划分出的类目称为下位类，由一个类目直接划分出来的下一级各类目，彼此称为同位类。同位类之间存在着并列关系，下位类与上位类之间存在隶属关系。

《林业资源分类与代码　森林类型》（GB/T 14721.1－1993）采用的是线分类法，使用 5 位进行表示分类。GB/T 14721.1－1993 将森林类型分成三个层级，第一层级用第 1、2 位数字表示森林植被型，第二层级用第 3 位数字表示森林类型组，第三层级用第 4、5 位数字表示森林类型。线分类法示例表 10-1 所示。表中，经济林相对于饮料林、鲜果林而言是上位类，饮料林、鲜果林相对于经济林而言是下位类，饮料林、鲜果林是同位类；同理，饮料林相对于茶叶林、咖啡林、可可林而言是上位类，茶叶林、咖啡林、可可林相对于饮料林而言是下位类，茶叶林、咖啡林、可可林是同位类。

表 10-1　线分类法示例

分类代码	森林类型
30000	经济林
31600	饮料林
31611	茶叶林
31612	咖啡林
31613	可可林
31800	鲜果林
31811	苹果林
31812	梨树林
31813	桃树林

采用线分类法的要求如下：

⊃ 由某一上位类划分出的下位类的总范围应与该上位类的范围相等；

⊃ 当某一上位类划分成若干个下位类时，应选择同一种划分基准；

⊃ 同位类之间不交叉、不重复，并只对应于同一个上位类；

⊃ 分类要依次进行，不应有空层或加层。

2. 面分类法

面分类法将分类对象的若干属性或特征视为若干个面，每个面中又可分成彼此独立的若干个类目。在使用面分类法时，可根据需要将这些面中的类目组合在一起，形成一个复合类目。

服装的分类可采用面分类法，将服装所用材料、男女式样、服装款式作为 3 个面，每个面又可分成若干个类目。面分类法示例如表 10-2 所示，可将有关类目组配起来，如纯毛男式中山装，中长纤维女式西服等。

表 10-2　面分类法示例

材料	男女式样	服装款式
纯棉	男式	中山装
纯毛	女式	西服
中长纤维	……	猎装
……		连衣裙
		……

使用面分类法的要求如下：
⊃ 根据需要将分类对象的本质属性或特征作为分类对象的各个面；
⊃ 不同面内的类目不应相互交叉，也不能重复出现；
⊃ 每个面都有严格的固定位置；
⊃ 面的选择以及位置的确定，可根据实际需要而定。

3. 混合分类法

混合分类法将线分类法和面分类法组合起来使用，以其中一种分类法为主，另一种分类法作为补充。

10.2.2　信息编码的基本原则与方法

10.2.2.1　信息编码的基本原则

信息编码的基本原则如下：
⊃ 唯一性：在一个分类编码标准中，每个编码对象仅应有一个代码，一个代码只唯一表示一个编码对象。
⊃ 合理性：代码结构应与分类体系相适应。

- ⊃ 可扩充性：代码应留有适当的后备容量，以便适应不断扩充的需要。
- ⊃ 简明性：代码结构应尽量简单，长度尽量短，以便节省机器存储空间和减少代码的差错率。
- ⊃ 适用性：代码应尽可能反映编码对象的特点，适用于不同的相关应用领域，支持系统集成。
- ⊃ 规范性：在一个信息分类编码标准中，代码的类型、代码的结构及代码的编写格式应统一。

10.2.2.2 信息编码的基本方法

信息编码的基本方法如下：

1. 通则

编码方法应以预定的应用需求和编码对象的性质为基础，选择适当的代码结构。在决定代码结构的过程中，既要考虑各种代码的编码规则，又要考虑各种代码的优缺点，还要分析代码的一般性特征，选取合适的代码表现形式，研究代码设计所涉及的各种因素，避免潜在的不良后果。

2. 代码类型

图 10-1 根据代码的含义性给出了各种常用代码的类型。

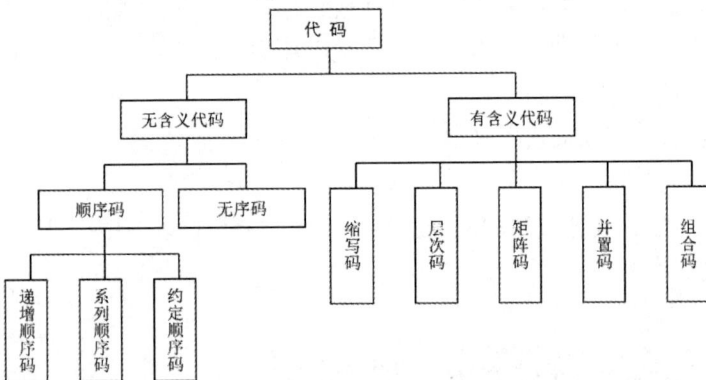

图 10-1　常用代码的类型

（1）顺序码。

① 规则。从一个有序的字符集合中顺序地取出字符分配给各个编码对象，这些字符通常是自然数的整数，如以"1"打头；也可以是字母字符，如 AAA、AAB、AAC 等。

② 应用。顺序码一般作为以标识或参照为目的的独立代码来使用，或者作为

复合代码的一部分来使用，后一种情况经常附加分类代码。在码位固定的数字字段中，应使用 0 填满数字字段的位数直到满足码位的要求为止。例如，在 3 位数字字段中，数字 1 的编码为 001，而数字 15 的编码为 015。

③ 类型。顺序码有三种类型，即递增顺序码、分组顺序码、约定顺序码。

（a）递增顺序码。编码对象被赋予的代码值，可由预定数字递增决定。例如，预定数字可以是 1（纯递增型）、10（只有 10 的倍数可以赋值）或者其他数字（如偶数情况下的 2）等。

采用这种方法时，代码值没有任何含义，相类似的编码对象的代码值不作分组。

为了便于原始代码集的修改，可能需要使用中间的代码值，这些中间代码值不必按预定的数字递增。

例如，在《世界各国和地区名称代码》（GB/T 2659—2000）中，部分国家和地区的数字代码如表 10-3 所示。

表 10-3　部分国家和地区的数字代码

国家和地区名称	数字代码
阿富汗 AFGHANISTAN	004
阿尔巴尼亚 ALBANIA	008
阿尔及利亚 ALGERIA	012
美属萨摩亚 AMERICAN SAMOA	016
安道尔 ANDORRA	020
安哥拉 ANGOLA	024

该 GB/T 2659—2000 中，后来增加的地区名称南极洲（ANTARCTICA）使用了中间代码值 010，属于对原始代码集的增补。

（b）系列顺序码。这种代码首先要确定编码对象的类别，按各类别确定它们的代码取值范围，然后在各类别代码取值范围内对编码对象顺序地赋予代码值。

例如，《中央党政机关、人民团体及其他机构名称代码》（GB/T 4657—2021）采用 3 位数字的系列顺序码。系列顺序码只有在类别稳定并且每一具体编码对象在目前或可预见的将来不可能属于不同类别的条件下才能使用。

（c）约定顺序码。约定顺序码不是一种纯顺序码，这种代码只能在全部编码对象都预先知道并且编码对象集合将不会扩展的条件下才能使用。在赋予代码值之前，编码对象应按某些特性进行排列［如按照名称的字母顺序排序、按照（事件、活动的）年代顺序排序等］；在得到排序结果后再用代码值表达，代码值本身也应是从有序的列表中顺序选出的。

按英文字母顺序排列的数值化字母顺序码如表 10-4 所示。

表 10-4　按英文字母顺序排列的数值化字母顺序码

代码	名称
01	Apples（苹果）
02	Bananas（香蕉）
03	Cherries（樱桃）
04	Dates（枣）
……	……

（2）无序码。

① 规则。无序码将无序的自然数或字母赋予编码对象，此种代码没有任何编写规律，是靠机器的随机程序编写的。

② 应用。无序码既可用于编码对象的自身标识，又可作为复合代码的组成部分（复合代码的其他部分则以其他编码规则为基础）。

（3）缩写码。

① 规则。缩写码的本质特性是依据统一的方法缩写编码对象的名称，由取自编码对象名称中的一个或多个字符赋值成编码表示。

② 应用。缩写码可用于那些相当稳定并且编码对象的名称在用户环境中已是人所共知的有限标识代码集。例如，在 GB/T 2659－2000 中，部分国家和地区名称的字母代码如表 10-5 所示。

表 10-5　部分国家和地区的字母代码

国家和地区名称	字码代码
奥地利 AUSTRIA	AT
加拿大 CANADA	CA
中国 CHINA	CN
法国 FRANCE	FR
美国 UNITED STATES	US

（4）层次码。

① 规则。层次码以编码对象集合中的层级分类为基础,将编码对象编码成为连续且递增的组（类）,位于较高层级上的每个组（类）都包含并且只能包含它下面较低层级全部的组（类）。这种代码类型以每个层级上编码对象特性之间的差异为编码基础,每个层级上的特性必须互不相容。细分至较低层级的层次码实际上是较高层级代码段和较低层级代码段的复合代码。

层次码的一般结构如图 10-2 所示。

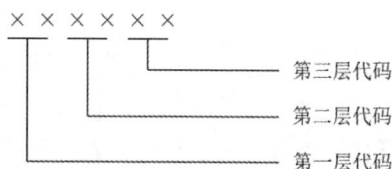

图 10-2　层次码的一般结构

② 应用。层次码通常用于分类,层级数目依赖于信息管理的需求,层次码较少用于标识和参照。层次码非常适合诸如统计目的、报告货物运转、基于学科的出版分类等情况。在实践中,层级码既有固定递增格式,也有可变递增格式,固定递增格式比可变递增格式更容易处理一些。

例如,《学科分类与代码》(GB/T 13745－2009)采用固定递增格式的层次码,学科代码由 7 个数字位组成,下一级学科相对于上一级学科按固定的 2 位代码段递增,如表 10-6 所示。

表 10-6　固定递增格式示例

代　码	学科名称
110	数学
110·14	数理逻辑与数学基础
110·1410	演绎逻辑学

示例 2:可变递增格式。在通用十进制分类法（UDC）中采用的是可变递增格式的层次码,字符的数目和编码表达式的分段是可变的,其细节描述的程度能被延伸到想要达到的层级。可变递增格式如表 10-7 所示,"建筑学的屋顶坡度"这一概念可被编码表达式表达成 624.024.13。

表 10-7　可变递增格式示例

代　码	含　义
624	土木工程
624.02	建筑物成分
624.024	屋顶，屋顶用材料
624.024.13	屋顶坡度

（5）矩阵码。

① 规则。矩阵码以复式记录表的实体为基础，表中行和列的值用于构成表内相关坐标上编码对象的代码表示。矩阵码的目的是对矩阵表中的编码对象赋予有含义的代码值，这些编码对象在不同的组合中具有若干共同特性。

② 应用。矩阵码可有效用于标识那些具有良好结构和稳定特性的编码对象。例如，《信息交换用汉字编码字符集　基本集》（GB 2312－1980）根据矩阵码编码方法对汉字信息交换用的基本图形字符编制了区位码，其中区号为矩阵表中的行号，位号为矩阵表中的列号。汉字字符"啊"用区位码 16－01 编码表示，在这里，16 为区号，01 为位号；同理，拉丁字符"A"用区位码 03－13 编码表示，图形字符"…"用区位码 01－13 编码表示。

（6）并置码。

① 规则。并置码是由一些代码段组成的复合代码，这些代码段提供了编码对象的不同特性，这些特性是相互独立的。并置码的编码表达式可以是任意类型（顺序码、缩写码、无序码）的组合。

② 应用。并置码非常适用于那些具有若干共同特性的商品分类。

（7）组合码

① 规则。组合码也是由一些代码段组成的复合代码，这些代码段提供了编码对象的不同特性。与并置码不同的是，这些特性是相互依赖的，并且通常具有层次关联。

② 应用。组合码经常用于标识，以覆盖宽泛的应用领域。应用代码段是要做出描绘性编码（何种产品、何时何地生产）或者是用作开发制造业方面的成组技术方法。

例如，《公民身份号码》（GB 11643－1999）采用的是组合码，如表 10-8 所示，公民身份号码的 18 位组合码共分 4 个代码段，前 2 个代码段标识了编码对象（公民）的空间和时间特性，第 3 个代码段则依赖于前 2 个代码段所限定的范围，第 4 个代码段依赖于前 3 个代码段的校验计算结果。

表 10-8　组合码示例

公民身份号码				含　义
××××××	××××××××	×××	×	公民身份号码的 18 位组合码结构
××××××				行政区划代码
	××××××××			出生日期
		×××		顺序号，其中奇数表示男性，偶数表示女性
			×	校验码

3.　代码特征

代码的一般性特征除了《信息分类和编码的基本原则与方法》（GB/T 7027—2002）第 7 章介绍的唯一性、可扩充性、简明性、适用性，还包括稳定性、含义性、代码长度、结构与格式、容量等。

（1）稳定性。当代码为设计的变化留有余地而不必修改其结构时，代码就是稳定的。用户需要稳定的代码。代码的赋值必须考虑相对于代码自身以及代码结构作偶然修改的最小可能性。

当某个代码元素从代码元素集合中被撤销时，原编码表示不应再为其他编码对象所用。

（2）含义性。如果代码的编码表达式直接（如缩写码）表达或间接根据一个或多个表（如层次码、矩阵码、并置码）来表达它们的含义，则代码就被认为是有含义的。在使用编码表达式时，有含义也与根据编码对象特性进行的归类和分组（类）有关。

在以分类为目的情况下，有含义是尤其重要的。对于以标识和参照为目的者，宜用无含义代码。

（3）代码长度。代码长度是指编码表达式位置的数目。代码长度可被规定成固定的或可变的字符数目。

注：可变的代码长度有两条主要缺欠：其一是当存储代码值的数据字段所容纳的字符数比使用的代码值字符数多时，字符数目的不可预知会产生排列对齐问题。其二是由于字符冗余或增加引起的错误不能被人工或机器容易地检测出来。因此，代码长度宜使用固定的字符数目。

（4）结构与格式。代码结构定义包括构成编码表达式的位置或位置组的数目，以及每一位置上有效字符的集合，其中空格可以作为结构的组成部分。检查语法错误的输入确认主要与结构相关。就各个位置组来说，编码表达式的每个位置都可以这样定义其格式：字母的、数字的、字母数字的、特殊字符的。

（5）容量。容量是指编码表达式的数量，它是在选定的基数范围内，由每个位置上全部可用的字符组合构成的。

示例（C 表示容量）：

① 对于位置数目是 1，基数是 2，使用二进制字符：$C=2$。

② 对于位置数目是 3，基数是 10，使用十进制数字字符：$C=1000$。

③ 对于位置数目是 2，基数是 26，使用字母字符：$C=676$。

理论容量以全部字符的所有组合都得到使用为前提。由于实践或理论原因造成的初始限制，减少了这些理论容量。实际上，容量的抉择是在以下各因素之间折衷的结果：

⊃ 对扩充系统的预见；

⊃ 组成代码表达式的字符数目的限制；

⊃ 书写和使用代码表达式的容易程度；

⊃ 系统的期望使用寿命；

⊃ 操作代价。

4. 代码表现形式

（1）数字格式代码。数字格式代码是用一个或若干个阿拉伯数字表示编码对象的代码，简称为数字码。数字码的特点是结构简单，使用方便，排序容易并且易于国内、外推广。但是对编码对象特征描述不直观。在数字格式代码值赋值时，不宜使用全部是 0 或全部是 9 的值，如 "0000" "9999"。这些值应当保留用于特殊情形。

（2）字母格式代码。字母格式代码是用一个或多个拉丁字母表示编码对象的代码，简称为字母码。字母码的特点有：一是容量大，如用 2 个拉丁字母的代码最多可表示 676（26^2）个类目，而用 2 位数字的代码最多只可表示 100（10^2）个类目；二是字母码有时可提供便于人们识别的信息，如在 GB/T 2260—2007 中，BJ 表示北京，TJ 表示天津。

字母码便于人们记忆，但不便于机器处理信息，特别是当编码对象数目较多或添加、更改频繁以及编码对象名称较长时，常常会出现重复和冲突的现象。因此，字母码常用于编码对象较少的情况。

为字母格式代码赋值时，应注意：

⊃ 无含义字母码应当避免采用那些在发音时可能引起混淆的字符（听觉上的相似性）；例如：字母 B、D、G、P 和 T，或者字母 M 和 N。

⊃ 在字母码中，或者在代码的一部分有 3 个或更多的连续字母字符时，要避免使用元音字母（A、E、I、O 和 U），以免无意间形成易被误认的简单语言单词。

⊃ 在同一编码方案中，字母码宜使用单一形式的大写或小写字母，而不宜大小写字母混用。

（3）混合格式代码。混合格式代码是由数字、字母组成的代码，或由数字、字母、特殊字符组成的代码。可以简称为字母数字码或数字字母码。混合格式代码的特点是基本兼有了数字码、字母码的优点，结构严密，具有良好的直观性，同时又有使用上的习惯。但是，由于代码组成格式复杂也带来了一定的缺点，即计算机输入不方便，录入效率低，错误率增高，不便于机器处理。

（4）特殊字符。特殊字符（如&、@等）可以用于数字与字母混合格式代码中，以补充字母系统的字符；用这种方法，容量得到增加，并且可以为特殊处理保留语种字符的有效字符。

在代码结构中应使用常用的字符，并且应避免那些非字母或数字的字符（如连字符、句号、间隔、星号等），只是在分隔代码段时，才可以使用连字符或空格。用于规定代码系统的词表应当只含有尽可能少的字符种类。

下列字符应避免使用：

➲ 不属于《信息技术　信息交换用七位编码字符集》（GB/T 1988—1998）七位编码字符集的字符。

➲ 可能引起曲解或不正确转录的字符。例如，应注意排除空格，"123 ABC"应写成"123ABC"，因为空格没有含义，并且空格在转录时可能被忽略。

➲ 对于数据交换来说，在语法结构中可被当作服务性字符使用的那些字符。例如：冒号（：）、加号（+）、问号（？）、星号（*）、撇号（'）在 GB/T 14805系列标准中是被当作服务字符使用的，应避免使用这类字符。

（5）代码格式规则。代码值的格式（或字符结构）最好采用全数字或全字母格式。只有在特殊位置上（如首位或末位）始终要用字母或数字格式时，才能使用字母数字混合格式，而随机的字母数字格式则不宜使用。

在不存在助记特性的情况下，人工记录数字格式的代码值通常比记录字母格式或混合格式的代码值要更加可靠些。受控的混合格式代码值（如在确定的位置上永远采用字母格式或者永远采用数字格式）比随机的混合格式代码值更加可靠些。例如，AA999（前 2 位字符永远采用字母格式，后 3 位字符永远采用数字格式）就比字母或数字有可能出现在任意位置上的情形具有更加可靠的格式。

在混合格式中，同类的字符类型应当作分组处理并且不要分散于代码表达式的各个位置上。例如，在 3 位字符代码中，"字母－字母－数字"的结构（如 HW5）就比"字母－数字－字母"这样的顺序（如 H5W）所发生错误的要少很多。

当需要使用字母数字混合代码结构时，应当避免那些容易理解成其他字符或者容易同其他字符相混淆的字符。例如，字母 I 与数字 1、字母 O 与数字 0、字母 Z 与数字 2、字母 G 与数字 6、字母 B 和 S 与数字 8，以及字母 O 与字母 Q。

为了避免对照排序时互不相容，任何特定字符的位置上应当要么只用字母，要么只用数字。

（6）编码表达式的显示。对于手工处理，宜优先采用人工易读的编码显示方式。在这种情况下，代码值将以拉丁字母和阿拉伯数字方式出现。这种表达方式也常用于计算机输出的纸质文件和表册当中。

当需要采用机械或电子方式进行处理时，应采用易于自动识别的编码显示方式。其中，以若干个条排列编码成符号表示的条码编码方法得到了广泛使用。此外，其他自动化标识方法，如光学字符识读（OCR）设备或磁条、集成电路的智能卡等在实践中也已得到了使用。

5. 代码设计

代码设计过程中，应注意那些常常可能造成彼此相互冲突的要求。例如，如果一种代码结构对于未来的需要有充足的扩充能力，那么它就会在某种程度上牺牲其简明性。因此，每个方面的问题都必须考虑周全，制定折衷办法，以达到相关应用领域获得最佳效率。

代码分组和分段应当根据用户对信息的需求作格式安排，要考虑在准确性和完备性方面进行查看的最大限度宽松性，以及数据内容的紧凑性。

（1）现有代码的使用。宜使用现有的代码。如果不是绝对需要，就不必设计新的代码。

（2）代码含义。在使用恰当时，有含义代码为附加信息提供了一个基础，并且在人工使用方面比无含义代码更加容易、更为可靠些。然而，在有含义代码的开发过程中应当谨慎，以确保有含义的部分与稳定的实体相关联。例如，当地点的改变将会引起代码的改变时，某个组织的有含义代码就不宜与地点相关联。

无含义代码宜用于大多数标识目的以及所有的参照目的。

（3）代码字符数目的确定。代码值应当由最少的字符数目组成，以节省空间并减少数据通信时间，但同时还应根据代码用户的能力进行优化。

固定长度代码（如只采用3位字符，而不是1位、2位和3位字符同时混用）在使用上比可变长度代码更加可靠且更加容易。

为了记录的可靠性，多于4位字母字符或5位数字字符的代码值宜分解成较小的代码段。例如，×××－×××－××××就比××××××××××更为可靠。

在不必对已有代码元素重新编码或者扩大编码表达式格式的前提下，代码结构应当能为代码集合增添新的代码元素提供支持。

（4）代码段的分隔。如果位置或代码段是完全相互独立并且能够独自成立（即对于它们的含义来说，不需要其他的代码），代码段应能被连字符（当需要显示时）

所隔离。

（5）代码的位置顺序。如果一个编码方案把一个完整实体集分成比较小的分组，那么高阶位置应当是显著的、全面的分类；低阶位置应当最具选择性和差别性（包括后缀）。一个例子就是 GB/T 7408—2005 规定的日期数字表达式（YYYYMMDD）。如果一个复合代码被设计成由 2 个或更多的独立代码段组成，则出现在高阶位置上特有的代码段应当是基于惯用要求和处理效率来考虑的。

（6）代码命名。代码或其各个所有独立的代码段都必须有自己的标准化的、唯一的、与应用标志相适应的命名。

（7）代码容量计算。在计算涵盖全部位置的给定代码容量并且要保持代码唯一性时，应使用下列公式（假定使用 24 个字母字符和 10 个数值数字，因为要避免使用字母 I 和 O 可能引起的混淆）：

$$C = 24^A \cdot 10^N$$

式中：

C——全部可能的有效代码组合数，即容量；

A——代码中字母位置的数目；

N——代码中数字位置的数目。

在组合的情况下，$A+N$ 等于代码的全部位置数目。

注：上面的公式假定给定的位置要么是字母的，要么是数字的，但决不是二者都适用。如果特定的位置允许字母字符和数字字符二者都适用，则公式变成为：

$$C = 26^A \cdot 10^N \cdot 36^M$$

或

$$C = 24^A \cdot 10^N \cdot 34^M \text{（当字母 I 和 O 被禁用时）}$$

式中：M 为代码中字母字符和数字字符二者都适用的位置数目，$A+N+M$ 等于代码的全部位置数目。

在计算容量时，不应考虑校验码所占的位置。

（8）校验码。为了避免抄录和键入过程中的错误，当代码较长时，应考虑设置校验码。校验码由构成编码表达式的字符经过一定的算术运算而得到，它可以检测出以下类型的错误：

- 单替代错误：一个单一字符被另一个单一字符替换；
- 单一对换错误：单个字符的对换，相邻的（$d=1$）两个字符或相隔一个字符的（$d=2$）两个字符之间的互换错误；
- 双替代错误：在同一个编码表达式中，两个分隔的单一字符的替换错误；
- 位移错误：编码表达式整体向左或向右的位移；
- 其他错误。

参见 GB/T 17710—2008。

6. 代码赋值约定

（1）赋码规则。赋码规则应叙述清晰并且具有一致的适用性。例如，一个助记缩写词可以通过从编码条目的名称中删除全部元音而形成，像"日期（date）"编码为 DT 或"绿色（green）"编码为 GRN；也可以用构成元素的各个单词的第一个字母编码而成，像"文件结束（End of File）"编码为 EOF。

（2）定量数据。数量或货币数额不宜赋码。例如，当数量1～99 能被编码为 A，100～199 被编码为 B 时，就会失去统计价值，因为一旦数字被编码，就不能得到真实的数字了。分类可以放在数据处理靠后的阶段进行，而不是放在输入数据预先编码的过程中进行。

（3）"自然"数据的使用。假如具体的数据以其自然形态（如具体的百分比数量）就已经是适当并且够用，那么就不宜再为其开发代码结构。

（4）收容类的使用。应注意辨别代码的类别是混杂类或是其他类。不宜在这样的类别中放置那些实际上是属于另外一个具体类别的实体代码元素。

10.3　分类与编码标准化文件的结构

根据 GB/T 1.1—2020 和 GB/T 20001.3—2015 的要求，分类与编码标准化文件的结构应具有以下要素：

- 封面；
- 目次；
- 前言；
- 引言；
- 标准名称；
- 范围；
- 规范性引用文件；
- 术语和定义；
- 分类与编码方法；
- 分类与编码结果；
- 规范性附录；
- 资料性附录；
- 参考文献；

➲ 索引。

上面给出的这些要素是在编写分类与编码标准化文件时常见的要素。编写的分类与编码标准化文件的要素在绝大多数情况下是少于上述要素的。需要引起分类与编码标准化文件的起草者注意的是，封面、前言、标准名称、范围、规范性引用文件、术语和定义、分类与编码方法、分类与编码结果是必备要素，也就是说，在分类与编码标准化文件中，这些要素是必须出现的。尤其是分类与编码方法、分类与编码结果，是核心技术要素，是整个分类与编码标准化文件的核心部分。这两个要素的好坏直接关系到分类与编码标准化文件的质量，要务必引起标准化文件起草者的重视。在分类与编码标准化文件中，分类与编码方法一定要使用陈述型条款和指示型条款进行表述；分类与编码结果也要采用陈述型条款进行表述。除了上述的必备要素，其他的要素都是可选要素，分类与编码标准化文件的起草者须根据自己要编写的分类与编码标准实际情况选择合适的可选要素，同时按照 GB/T 1.1—2020 的规定对于所有要素使用合适的条款进行表述。

10.4　分类与编码标准化文件要素的编写

10.4.1　分类与编码标准化文件名称的编写

（1）分类与编码标准化文件的名称应有分类与编码的对象、分类与编码的内容两个必备元素，分类与编码的内容宜包含"分类"或"编码"。

（2）如果分类与编码标准化文件中仅包含"分类方法"，并未给出分类的具体结构和类目，则宜使用"……分类方法"作为名称。如果分类与编码标准化文件中包含了"分类方法"和"命名"，则宜使用"……分类与命名"作为名称。如果分类与编码标准化文件中包含了"分类"的全部内容，则宜使用"……分类"作为的名称。

（3）如果分类与编码标准化文件中仅包含"编码方法"，并未给出代码，则宜使用"……编码方法"作为名称。如果分类与编码标准化文件中包含了"编码方法"和"代码"，则宜使用"……编码及代码"作为名称。如果分类与编码标准化文件中包含了"编码"的全部内容，则宜使用"……编码"作为名称。

（4）如果分类与编码标准化文件中仅包含"分类方法""命名""编码方法""代码""代码表"等内容，则宜使用"……分类与编码"或者"……分类、编码及代码"或者"分类与代码"作为名称。

10.4.2　分类与编码标准化文件范围的编写

（1）分类与编码标准化文件中的范围应指出分类与编码的对象、说明分类与编码的内容。在必要时，还应说明使用该分类编码的限制。

（2）分类与编码标准化文件中的范围还应说明分类与编码标准的适用对象。

分类与编码标准化文件的分类与编码方法、分类与编码结构的编写，请参考10.2.1 节和 10.2.2 节。

10.5　分类与编码标准化文件案例

随着我国加入世界贸易组织（WTO），我国的对外贸易和国际经济合作发展迅速。为了促进我国国际贸易信息交流，加速我国的国际贸易发展，特制定了《国际贸易方式代码》（GB/T 15421—2008），该标准的关键是与商务部、海关总署、交通运输部等合作确定贸易方式的类别，并进行编码。

附录 G 给出了《国际贸易方式代码》，供读者理解分类与编码标准化文件的编写方法。

附录 A
虚拟现实（VR）激光雷达三维扫描相机通用技术规范

1 范围

本文件规定了虚拟现实(VR)激光雷达三维扫描相机的基本框架和工作原理、技术要求、试验方法等。

本文件适用于虚拟现实（VR）激光雷达三维扫描相机（以下简称产品）的设计、制造、试验以及用户对于设备的选型和配置。

2 规范性引用文件

下列文件中的内容通过文中的规范性引用而构成本文件必不可少的条款。其中，注日期的引用文件，仅该日期对应的版本适用于本文件；不注日期的引用文件，其最新版本（包括所有的修改单）适用于本文件。

GB/T 2423.5—2019 电工电子产品环境试验 第 2 部分：试验方法 试验 Ea 和导则：冲击

GB/T 2423.6—1995 电工电子产品环境试验 第 2 部分：试验方法 试验 Eb 和导则：碰撞

GB/T 29298—2012 数字（码）照相机通用规范

JB/T 12973—2016 立体照相机

ISTA-2A-2004 跌落测试

3 术语和定义

GB/T 29298—2012 和 JB/T 12973—2016 界定的以及下列术语和定义适用于

本文件

3.1 虚拟现实 virtual reality

采用以计算机为核心的现代高科技手段生成的逼真的视觉、听觉、触觉、嗅觉、味觉等多感官一体化的数字化人工环境。

注：用户借助一些输入、输出设备，采用自然的方式与虚拟世界的对象进行交互，相互影响，从而产生亲临真实环境的感觉和体验。

［源自：GB/T 38259—2019，定义3.1］

3.2 激光雷达 lidar

采用 TOF（time of flight）测距离原理通过测量调制激光的发射和返回的时间差来测量物体与传感器的相对距离。

3.3 三维扫描 three-dimensional scanning

使用传感器探测现实世界中的物体或环境的形状和外观，生成计算机能处理的数字数据，这些数据能以三维的形式表现物体的整体或部分形态。

3.4 点云 point cloud

测量仪器得到的三维世界物体外观表面的点数据集合。

注：点云包含三维坐标信息，同时也可包含反射强度（intensity）和颜色（RGB）等信息。

3.5 点云分辨率 point cloud resolution

设备采集的点云模型分辨三维世界细节的能力，以相邻点云之间的旋转角度来表示，其单位是度（°）。包括水平分辨率和垂直分辨率。

3.6 扫描距离 scanning distance

激光雷达的最近、最远有效可视距离范围。

3.7 水平和垂直视野 horizontal and vertical view

三维扫描相机生成的单点点云的水平和垂直视角范围，又叫 HFOV 和 VFOV。

3.8 温度漂移 temperature drift

三维扫描相机在工作温度范围内，测距误差随温度变化而变化。

3.9 低反射率响应 low reflectivity response

扫描距离受材质反射率影响较大。一般考察 90%和 10%反射率时的有效扫描距离。

3.10 点位 position

采集三维空间时，会选择空间中的一些位置座位设备采集的点，这些位置在产物中的表现被称为点位。

4 缩略语

下列缩略语适用于本文件。

HDR：高动态范围图像（High-Dynamic Range）

IP4X：外壳防护等级（Ingress Protection）

VR：虚拟现实（Virtual Reality）

5 基本架构

虚拟现实（VR）激光雷达三维扫描相机的基本架构如图 1 所示。

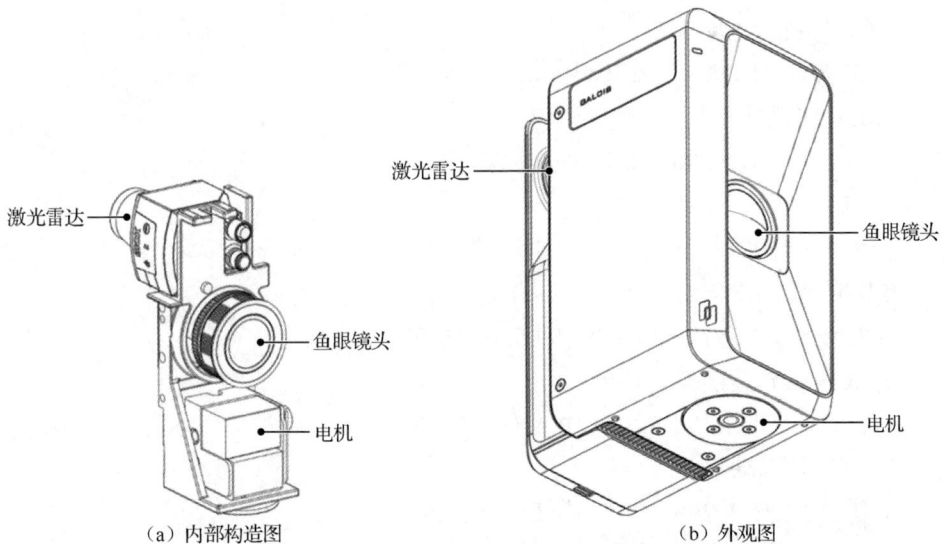

（a）内部构造图 （b）外观图

图 1 虚拟现实（VR）激光雷达三维扫描相机的基本架构

6 技术要求

6.1 外观和结构要求

应符合 GB/T 29298—2012 中 4.1 的规定。

6.2 功能要求

应符合 GB/T 29298—2012 中 4.2 的规定。

6.3 软件界面要求

应符合 GB/T 29298—2012 中 4.3 的规定。

6.4 接口互换性

应符合 GB/T 29298—2012 中 4.4 的规定。

6.5 2 维影像质量

6.5.1 视觉分辨率
应符合 GB/T 29298—2012 中 4.5.1 的规定。

6.5.2 色彩还原
应符合 GB/T 29298—2012 中 4.5.2 的规定。

6.5.3 白平衡
应符合 GB/T 29298—2012 中 4.5.3 的规定。

6.5.4 灰阶
应符合 GB/T 29298—2012 中 4.5.4 的规定。

6.5.5 成像均匀度
应符合 GB/T 29298—2012 中 4.5.5 的规定。

6.5.6 曝光量误差
应符合 GB/T 29298—2012 中 4.5.6 的规定。

6.5.7 影像缺陷
应符合 GB/T 29298—2012 中 4.5.7 的规定。

6.5.8 畸变
应符合 GB/T 29298—2012 中 4.5.8 的规定。

6.6　3 维特性

6.6.1　立体特性

应符合 JB/T 12973—2016 中 4.6.1 的规定。

6.6.2　分辨率不一致性

应符合 JB/T 12973—2016 中 4.6.2 的规定。

6.6.3　色彩还原不一致性

应符合 JB/T 12973—2016 中 4.6.3 的规定。

6.6.4　白平衡不一致性

应符合 JB/T 12973—2016 中 4.6.4 的规定。

6.6.5　图片亮度不一致性

应符合 JB/T 12973—2016 中 4.6.5 的规定。

6.6.6　相对畸变不一致性

应符合 JB/T 12973—2016 中 4.6.6 的规定。

6.6.7　倍率不一致性

应符合 JB/T 12973—2016 中 4.6.7 的规定。

6.6.8　垂直偏移

应符合 JB/T 12973—2016 中 4.6.8 的规定。

6.6.9　水平偏移

应符合 JB/T 12973—2016 中 4.6.9 的规定。

6.6.10　偏转角

应符合 JB/T 12973—2016 中 4.6.10 的规定。

6.7　深度点云质量

6.7.1　水平视野

产品的水平视野应达到 360°。

6.7.2　竖直视野

产品的竖直视野区间应覆盖[-60°，80°]区间。

6.7.3　点云分辨率

采集设备的点云分辨率应不小于 0.33°，即每度至少 3 个点。

6.7.4　扫描距离

采集设备的扫描距离应大于 10m。

6.7.5　测量精度（测距误差）

采集设备的测量精度（测距误差）应全程不大于±20mm。

6.7.6　统计误差

采集设备的统计误差 $\sigma \leqslant 10mm$。

6.7.7　温度漂移

采集设备的温度漂移全工作温度范围应不大于 $\pm 10mm$。

6.7.8　抗阳光

采集设备的抗阳光性应不小于 150000lx。

6.7.9　低反射率响应

采集设备的低反射率响应在 90%反射率状况下，测量距离应不小于 8m，在 10%反射率状况下，测量距离应不小于 6m。

6.8　彩色质量

6.8.1　分辨率

采集设备的分辨率应不小于 3200 万像素（8000×4000）。

6.8.2　水平视野

采集设备的水平视野应达到 360°。

6.8.3　垂直视野

采集设备的竖直视野区间应覆盖[-60°，80°]区间。

6.8.4　色彩精度

采集设备的色彩偏差值以及不含亮度的色彩偏差值都应小于 30，色彩饱和度应大于 80%。

6.8.5　亮度均匀性

设备的边/角亮度均匀性应大于 80%。

6.8.6　灰阶

采集设备的灰阶应不小于 12。

6.8.7　支持功能

采集设备应支持 HDR 拍摄功能。

6.9　易用性及可靠性

6.9.1　便携性

采集设备的便携性应满足可单人单手握持。

6.9.2　单点拍摄时长

采集过程中单点拍摄时长应不高于 60s，其中旋转时间约 45s，数据处理传输约 15s。

6.9.3　综合拍摄时长

100m³ 空间的综合拍摄时长应不高于 30min。

6.9.4　WIFI 性能

采集设备的 WIFI 传输距离在室内无遮挡场景下应大于 10m，一堵薄墙场景下应大于 5m。

6.9.5　电池性能

采集设备的电池在常温下持续使用时间应不低于 8h。

6.9.6　持续工作稳定性

采集设备持续稳定工作时间应高于 8h。

6.9.7　存储温度

采集设备的存储温度范围应在-10℃至 50℃之间。

6.9.8　工作温度

采集设备应能够在 0℃至 40℃温度下正常工作。

6.9.9　三防性能

采集设备三防性能应达到 IP4X 等级。

6.9.10　耐振性

采集设备带包材的耐振性应达到 ISTA-2A-2004 中的要求，见表 1。

带包材随机振动测试参数见表 2。

表 1　采集设备带包材的耐振性测试参数

频率/Hz	时间/min
5	48

表 2　带包材随机振动测试参数

频率/Hz	PSD 水平/（g^2/Hz）
1.0	0.0001
4.0	0.01
100.0	0.01
200.0	0.001

6.9.11　耐冲击性

采集设备带包材的耐冲击性应达到 GB/T 2423.5—2019 中的要求，测试参数见表 3。

表 3 采集设备带包材的耐冲击性测试参数

波形	加速度	持续时间	次数
半正弦波	50g	11ms	18 次（3 次/面×6 面）

6.9.12 抗跌落性

采集设备带包材的抗跌落性应达到 ISTA-2A-2004 中的要求，测试参数见表 4。

表 4 采集设备带包材的抗跌落性测试参数

跌落高度	跌落角度	地面
97cm	一角三棱六面	钢制地面

6.10 光学要求

整机上前盖保护镜片需要满足如下要求：

a）光学透过率，400～1050nm，全局每点透过率在 95%以上；

b）蓝紫区，50%透过率，所对应的波长小于 395nm；

c）前盖镜片材质平面度要求<0.005mm。

挡板材质要求：

a）亚克力镜片材质厚度设计≥1.5mm 以上，防止受力变形；

b）亚克力镜片与摄像头间距<0.5cm；

c）光学玻璃材质厚度设计需要在 0.8～1.5mm 之间。

6.11 噪声

应符合 GB/T 29298—2012 中 4.5.9 的规定。

6.12 防抖

应符合 GB/T 29298—2012 中 4.5.10 的规定。

6.13 取景器

应符合 GB/T 29298—2012 中 4.6 的规定。

6.14 显示屏

应符合 JB/T 12973—2016 中 4.10 的规定。

6.15 内藏闪光灯

应符合 GB/T 29298—2012 中 4.8 的规定。

6.16 电池持久力

应符合 GB/T 29298—2012 中 4.9 的规定。

6.17 数据存储性

应符合 GB/T 29298—2012 中 4.10 的规定。

6.18 节能

应符合 GB/T 29298—2012 中 4.11 的规定。

6.19 环保

应符合 GB/T 29298—2012 中 4.12 的规定。

6.20 环境适应性

应符合 GB/T 29298—2012 中 4.13 的规定。

6.21 耐久性

应符合 GB/T 29298—2012 中 4.14 的规定。

6.22 安全性

应符合 GB/T 29298—2012 中 4.15 的规定。

6.23 电磁兼容性

应符合 GB/T 29298—2012 中 4.16 的规定。

6.24 5G 蜂窝网络无线接入能力

采集设备可选择使用 5G 蜂窝网络进行数据的即采即传，下行速率大于 100Mbps，上行速率为 30Mbps～50Mbps，时延小于 100ms。

7 试验方法

7.1 试验环境条件

按照 JB/T 12973—2016 中 5.1 规定的试验条件进行试验。

7.2 外观和结构

按照 GB/T 29298—2012 中 5.2 规定的试验方法进行试验。

7.3 功能

按照 GB/T 29298—2012 中 5.3 规定的试验方法进行试验。

7.4 软件界面

按照 GB/T 29298—2012 中 5.4 规定的试验方法进行试验。

7.5 接口互换性

按照 GB/T 29298—2012 中 5.5 规定的试验方法进行试验。

7.6 2 维影像质量试验

7.6.1 视觉分辨率
按照 JB/T 12973—2016 中 5.6.1 规定的试验方法进行试验。

7.6.2 色彩还原
按照 GB/T 29298—2012 中 5.6.2 规定的试验方法进行试验。

7.6.3 白平衡
按照 GB/T 29298—2012 中 5.6.3 规定的试验方法进行试验。

7.6.4 灰阶
按照 GB/T 29298—2012 中 5.6.4 规定的试验方法进行试验。

7.6.5 成像均匀度
按照 GB/T 29298—2012 中 5.6.5 规定的试验方法进行试验。

7.6.6 曝光量误差
按照 GB/T 29298—2012 中 5.6.6 规定的试验方法进行试验。

7.6.7 影像缺陷
按照 GB/T 29298—2012 中 5.6.7 规定的试验方法进行试验。

7.6.8 畸变

按照 GB/T 29298—2012 中 5.6.8 规定的试验方法进行试验。

7.7 测距误差

使用激光测距仪+算法，用设备拍摄后测量距离，并与激光测距仪对比。

7.8 温度漂移

在恒温箱中将产品加热或冷冻至 50 ℃或—15 ℃，评测产品是否可以工作，评测误差。

7.9 抗阳光

在室外不同阳光条件下测试产品是否可以获取数据、误差评测。

7.10 低反射率响应

使用反射率低于 10%的黑色材质，测量产品的可视距离和误差。

7.11 高温存储、低温存储、高温工作、低温工作

使用恒温箱，测试在指定温度下保存指定时间后，产品是否可工作或连续工作。

7.12 3 维特性试验

7.12.1 立体特性

按照 JB/T 12973—2016 中 5.7.1 规定的试验方法进行试验。

7.12.2 分辨率不一致性

按照 JB/T 12973—2016 中 5.7.2 规定的试验方法进行试验。

7.12.3 色彩还原不一致性

按照 JB/T 12973—2016 中 5.7.3 规定的试验方法进行试验。

7.12.4 白平衡不一致性

按照 JB/T 12973—2016 中 5.7.4 规定的试验方法进行试验。

7.12.5 图片亮度不一致性

7.12.5.1 试验装置

按照 JB/T 12973—2016 中 5.7.5.1 规定的试验装置进行试验。

7.12.5.2 试验程序

按照 JB/T 12973—2016 中 5.7.5.2 规定的试验程序进行试验。

7.12.6 相对畸变不一致性

按照 JB/T 12973—2016 中 5.7.6 规定的试验方法进行试验。

7.12.7 倍率不一致性

7.12.7.1 试验装置

按照 JB/T 12973—2016 中 5.7.7.1 规定的试验装置进行试验。

7.12.7.2 试验程序

按照 JB/T 12973—2016 中 5.7.7.2 规定的试验程序进行试验。

7.12.8 垂直偏移试验

7.12.8.1 试验装置

按照 JB/T 12973—2016 中 5.7.8.1 规定的试验装置进行试验。

7.12.8.2 试验程序

按照 JB/T 12973—2016 中 5.7.8.2 规定的试验程序进行试验。

7.12.9 水平偏移试验

7.12.9.1 试验装置

按照 JB/T 12973—2016 中 5.7.9.1 规定的试验装置进行试验。

7.12.9.2 试验程序

按照 JB/T 12973—2016 中 5.7.9.2 规定的试验程序进行试验。

7.12.10 偏转角试验

按照 JB/T 12973—2016 中 5.7.10 规定的试验方法进行试验。

7.13 噪声试验

按照 GB/T 29298—2012 中 5.6.9 规定的方法进行试验。

7.14 防抖试验

按照 GB/T 29298—2012 中 5.6.10 规定的方法进行试验。

7.15 取景器试验

按照 JB/T 12973—2016 中 5.10 规定的方法进行试验。

7.16 显示屏试验

按照 JB/T 12973—2016 中 5.11 规定的方法进行试验。

7.17 内藏闪光灯试验

按照 GB/T 29298—2012 中 5.9 规定的方法进行试验。

7.18　电池持久力试验

按照 GB/T 29298—2012 中 5.10 规定的方法进行试验。

7.19　数据存储性能试验

按照 GB/T 29298—2012 中 5.11 规定的方法进行试验。

7.20　节能试验

按照 GB/T 29298—2012 中 5.12 规定的方法进行试验。

7.21　环保试验

按照 GB/T 29298—2012 中 5.13 规定的方法进行试验。

7.22　环境适应性试验

按照 GB/T 29298—2012 中 5.14 规定的方法进行试验。

7.23　耐久性试验

按照 GB/T 29298—2012 中 5.15 规定的方法进行试验。

7.24　安全性试验

按照 GB/T 29298—2012 中 5.16 规定的方法进行试验。

7.25　电磁兼容性试验

按照 GB/T 29298—2012 中 5.17 规定的方法进行试验。

参考文献

[1] GB/T 19953—2005　数码照相机　分辨率的测量

[2] ISO 12233：2000　摄影　数字照相机　分辨率的测量

[3] ISO 15739：2017　摄影　电子静像成像　噪声测试

附录 B
北清康灵®医疗器械消毒液有效成分测定

1 范围

本标准给出了北清康灵®医疗器械消毒液有效成分测定所需的设备、试验步骤、试验数据处理以及试验报告。

本标准适用于北清康灵®医疗器械消毒液有效成分的测定。

2 规范性引用文件

下列文件对于本文件的应用是必不可少的。凡是注日期的引用文件，仅所注日期的版本适用于本文件。凡是不注日期的引用文件，其最新版本（包括所有的修改单）适用于本文件。

《消毒技术规范》2002 年版

3 术语和定义

下列术语和定义适用于本标准。

3.1 HPLC（高效液相色谱法）　high performance liquid chromatography

以液体为流动相，采用高压输液系统，将具有不同极性的单一溶剂或不同比例的混合溶剂、缓冲液等流动相泵入装有固定相的色谱柱，在柱内各成分被分离后，进入检测器进行检测，从而实现对试样的分析。

3.2 流动相 mobile phase

色谱过程中携带待测组分向前移动的物质。

3.3 标准溶液 standard solution

准确浓度的溶液。

3.4 空白溶液 blank solution

在各种分析方法中，为消除干扰，用与测定试样时完全一致的条件进行测定的溶液。

3.5 拖尾因子 tailing factor

通过计算 5%峰高处峰宽与峰顶点至前沿的距离比来评价峰形的参数，目的是保证色谱分离效果和测量精度，常用 T 来表示。

4 实验设备和试剂

4.1 实验设备

a）梯度 HPLC 系统，配备紫外检测器。

b）色谱柱：Prodigy ODS-2，4.6mm×150mm，5μm。

c）分析天平（万分之一）；

d）20ml 带盖瓶或 25ml 容量瓶 3 个。

e）50ml 锥形瓶 6 个。

f）50ml 棕色容量瓶 2 个。

g）移液枪 100～1000μl 1 个。

h）移液枪 1～5ml 1 个。

i）秒表。

j）10ml 的容量瓶 6 个。

4.2 试剂

a）纯水（H_2O）；

b）乙腈（ACN）色谱纯；

c）磷酸分析纯；

d）标定过的过氧乙酸标准品；

e）甲基对甲苯硫醚（MTS）分析纯；

f）三苯基膦（TPP）分析纯。

5 实验步骤

5.1 溶液制备

5.1.1 流动相

流动相 A（0.05%磷酸水溶液）：量取 1000ml 纯水加入到 1000ml 的流动相储液瓶中，加入 0.5ml 磷酸，摇均匀。

流动相 B：乙腈。

5.1.2 0.025M MST 试剂的制备

称取 0.18g 的 MTS，加入一棕色 50ml 容量瓶，再加乙氰到刻度线，摇匀。

5.1.3 0.03M TPP 试剂的制备

称取 0.4g 的 TPP，加入一棕色 50ml 容量瓶，再加乙氰到刻度线，摇匀。

5.1.4 过氧乙酸标准溶液的标定

按试剂标签的指示配置好过氧乙酸溶液。按《消毒技术规范》（2002 版）2.2.2 的规定来标定过氧乙酸溶液。记录过氧乙酸的重量百分比浓度 C_1（%，w/w）。

5.1.5 标准溶液和空白溶液的制备

5.1.5.1 配制标准溶液 1（目标浓度：0.8%）

取一 20ml 带盖锥形瓶或 25ml 容量瓶，天平上重量归零。精确称量 W_1 克标定过的过氧乙酸溶液（$W_1=20×0.8\%/C_1$），加水至 20g，精确称量并记录重量 W_2。计算标准溶液 1 的百分比浓度为：

$$C_1×W_1/W_2$$

5.1.5.2 配制标准溶液 2（目标浓度：1.4%）

取一 20ml 带盖锥形瓶或 25ml 容量瓶，天平上重量归零。精确称量 W_3 克标定过的过氧乙酸溶液（$W_2=20×1.4\%/C_1$），加水至 20g，精确称量并记录重量 W_4。计算标准溶液 1 的百分比浓度为：

$$C_1×W_3/W_4$$

5.1.5.3 配制空白溶液

以纯水为空白溶液。

5.1.6 标准溶液和空白溶液 HPLC 进样前预处理

5.1.6.1 稀释处理（空白溶液不必做此步，可直接进行化学反应处理）

取 50ml 锥形瓶，在每只锥形瓶里精确称量 29.00g 纯水，天平上重量归零。用 1ml 移液枪转移 1ml 标准溶液到上述锥形瓶中，摇匀，记录准确重量。注意移液枪头不要碰到锥形瓶壁。

5.1.6.2　化学反应处理

加入 5ml 的 0.025M MTS 溶液于 10ml 容量瓶中，再加 1.0ml 待测标准溶液或空白溶液，混匀且立即计时。10min 后再加 0.03M TPP 溶液至容量瓶刻度线，摇匀。预处理后的样品需立即测定，不得迟于 2h。依此稀释处理和化学反应处理程序分别处理标准溶液 1 和 2 并标识各容量瓶为 STD-1 和 STD-2。

5.1.7　样品溶液 HPLC 进样前预处理

5.1.7.1　稀释处理

取三只 50ml 锥形瓶，在每只锥形瓶里精确称量 29.00g 纯水，天平上重量归零。将康福灵消毒剂的 B 剂倒入 A 剂的瓶中，同时按下秒表计时，盖严盖子，摇晃或颠倒该瓶约 5min 以使固体完全溶解。静置溶液 10min 后，立即用 1ml 移液枪分别转移 1ml 样品溶液到上述锥形瓶中，记录准确重量，摇匀，立即做化学反应处理。

5.1.7.2　化学反应处理

加入 5ml 的 0.025M MTS 溶液于 10ml 容量瓶中，再加 1.0ml 待测样品溶液，混匀且立即计时。10min 后再加 0.03M TPP 溶液至容量瓶刻度，摇匀。预处理后的样品需立即测定，不得迟于 2h。标识处理好的三个容量瓶为 S-1、S-2、S-3。

5.2　HPLC 色谱条件

表 1 给出了液相色谱条件。

表 1　色谱条件表

色谱柱	Prodigy ODS-2（C-18），5μm，4.6mm×150mm	
柱　温	15～30℃	
流动相	A：0.05% 磷酸水溶液；B：乙腈	
梯度条件	时间/min	%B
	0	30
	4.1	30
	4.2	90
	7	90
	7.1	30
	9	30
流速	1.5ml/min	
进样体积	10ml	
检测波长	225nm	
待测分子保留时间	2.5min	

5.3 样品分析

按照色谱条件设定 HPLC 系统，当运行稳定后按照下面的列表进行样品分析，分析结束后，进行面积积分，删除空白出峰。样品分析序列表见表 2。

表 2 样品分析序列表

序号	样品	进样次数
1	空白溶液	2
2	STD-1	5
3	STD-2	1
4	S-1	1
5	S-2	1
6	S-3	1

5.4 系统适应性

5.4.1 进样重复性

STD-1 的 5 次进样峰面积 RSD%要求不大于 2.0。

5.4.2 拖尾因子

拖尾因子要求不大于 2.0。

5.4.3 保留时间

STD-1 的 5 次进样保留时间 RSD%要求不大于 5.0。

5.4.4 灵敏度

1%标准溶液的出峰信噪比要求不小于 10。

5.4.5 分离度

要求 MTSO 出峰与其最近的出峰分离度不小于 1.5。

5.4.6 线性回归常数 R^2

要求 $R^2 \geq 0.99$。

5.5 计算和结果报告

5.5.1 标准曲线

以峰面积/标准液重量对标准液浓度作图，空白样的峰面积对应的浓度为 0。进行线性回归，得过氧乙酸浓度方程：y（峰面积/标准液重量）$=a \times x$（过氧乙酸浓度）$+b$。标准曲线图见图 1。

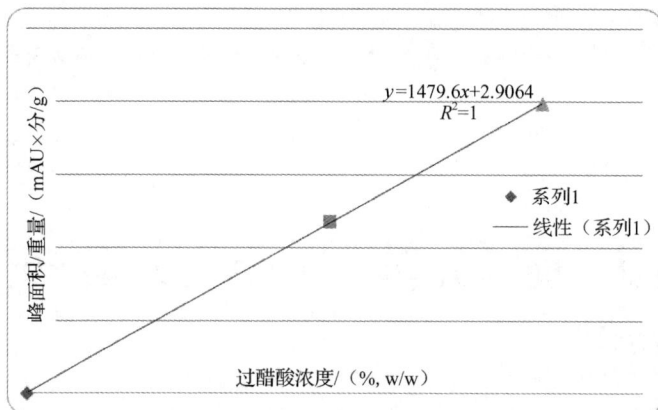

图 1 标准曲线图

5.5.2 样品的过氧乙酸浓度计算

样品的过氧乙酸浓度（%）=（样品的峰面积/样品的重量-b）/a×100%

5.5.3 含量报告

含量报告：以 3 次样品分析含量结果的平均值报告含量结果，精确至小数点后 3 位有效数字。

5.6 附图

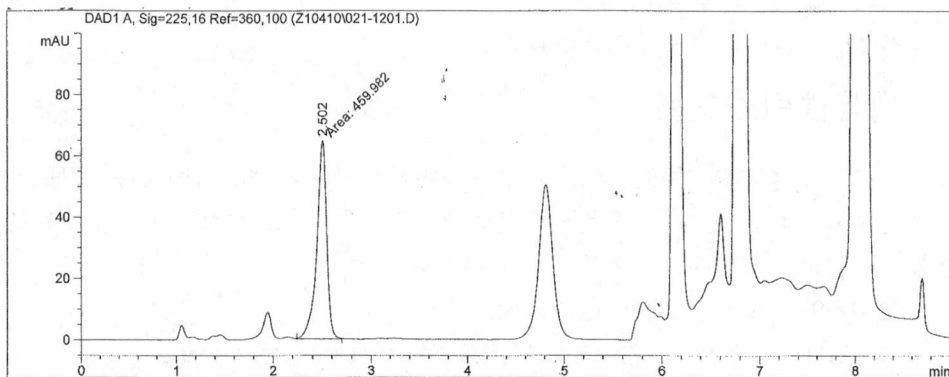

图 2 过氧乙酸测量的液相色谱图

附录 C
室内儿童软体游乐设备安全技术规范

1 范围

本标准规定了室内儿童软体游乐设备材料和设计制造的安全技术要求、内部组合的特殊游乐设备附加安全技术要求，及其安装、使用维护及其测试方法。

本标准适用于 3～14 周岁儿童游乐使用的室内儿童软体游乐设备的设计、制造、安装、使用维护管理。

本标准不适用于室内儿童拓展设备。

2 规范性引用文件

下列文件对于本文件的应用是必不可少的。凡是注日期的引用文件，仅所注日期的版本适用于本文件。凡是不注日期的引用文件，其最新版本（包括所有的修改单）适用于本文件。

GB/T 191—2008　包装储运图示标志

GB/T 1804—2000　一般公差　未注公差的线性和角度尺寸的公差

GB 3096—2008　声环境质量标准

GB 6675.1—2014　玩具安全　第 1 部分：基本规范

GB 6675.2—2014　玩具安全　第 2 部分：机械与物理性能

GB 6675.3—2014　玩具安全　第 3 部分：易燃性能

GB 6675.4—2014　玩具安全　第 4 部分：特定元素的迁移

GB 8408—2008　大型游乐设施安全规范

GB/T 20050—2006　游乐设施检验验收

GB/T 20051—2006 无动力类游乐设施技术条件

GB/T 21328—2007 纤维绳索通用要求

GB/T 27689—2011 无动力类游乐设施 儿童滑梯

GB/T 28711—2012 无动力类游乐设施 秋千

GB 50017—2003 钢结构设计规范

SN/T 2130—2008 出口儿童游乐设施检验规程 淘气堡

WH 0201—1994 歌舞厅照明及光污染限定标准

EN 1176-1：2008 游乐场设备和地面设施 第 1 部分：一般安全性要求和试验方法

EN 71-1：1997 玩具安全 第 1 部分：机械和物理性能

EN 71-8：2003 玩具安全 第 8 部分：室内或室外家庭使用的秋千、滑梯和类似活动玩具

3 术语和定义

下列术语和定义适用于本标准。

3.1 室内儿童软体游乐设备 children's Indoor soft playground equipment

安装于室内公用活动场地，可触及的结构件有软体材料保护，用于儿童玩耍的游乐设备。由各种组合件、功能物组成，主要涵盖滑筒、滑梯、滑车、滑竿、蹦床、秋千、吊环、软体球池、拳击袋、沙池、炮阵、攀爬墙等游乐项目。

3.2 组合件 component

与室内儿童软体游乐设备整体框架紧密结合的各类可玩性部件，是整个室内儿童软体游乐设备不可或缺的必要组成部分，是提供儿童游乐玩耍的主要组成设备。包括滑筒、滑梯、滑车、滑竿、蹦床、秋千、吊环、软体球池、拳击袋、沙池、炮阵、攀爬墙等项目。

3.3 功能物 attachment

在室内儿童软体游乐设备里起到保护作用，有助于加强安全防护的各类部件组成。主要的功能物包括站台、扶手、绳索、链条、护栏、围栏、地垫、护网、顶棚等。

3.4 儿童水床 children waterbed

框架由软体材料保护，内部充水密封，达到一定强度，供儿童玩乐的设备。

3.5 软体球 soft ball

由软性材料制作，供软体球池或小型气压弹射类游乐设备使用的直径不低于 50mm 的小球。

3.6 碰撞区域 impact area

游乐的儿童由于跌倒，可能碰撞的区域。

3.7 自由空间 free space

在游乐设备内部、上部或四周，为使用者在进行非自主运动过程中提供的空间（如滑动、摆动、摇动）。

3.8 跌落高度 free height of fall

从身体支撑的最高处到碰撞区域地面的最大垂直距离。
注：身体支撑最高处包括所有可能达到的地方。

3.9 跌落空间 falling space

使用者从设备某一高度跌落时所经过的游乐设备内部、上部或周围的空间（参见图1）。
注：此跌落空间从跌落高度开始。
示例1：

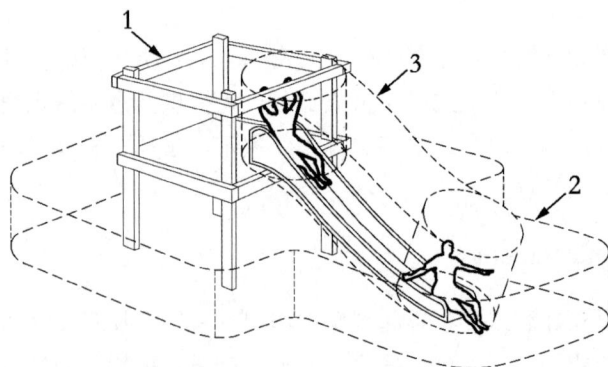

1——游乐设备空间；2——跌落空间；3——自由空间

图1 跌落空间

3.10　最小空间　minimum space

安全使用游乐设备的空间，包括跌落空间、自由空间和游乐设备占用的空间。

3.11　挤压点　crushing point

当游乐设备的运动部件互相移动，或部件在固定区域内移动时，可能挤压到人体或人体某些部位的位置。

3.12　剪切点　shearing point

当游乐设备的运动部件之间，一个运动部件与一个静止部件之间或运动部件之间移动，或部件在固定区域内移动时，可能剪切人体或人体某些部位的位置。

3.13　握　grip

人体单手可以环绕握住支撑物体一周（参见图2）。

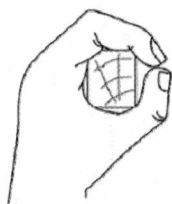

图2　握

3.14　抓　grasp

人体单手只可以握住支撑物体的一部分（参见图3）。

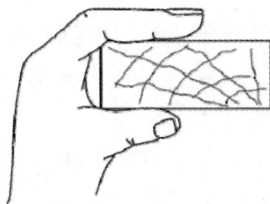

图3　抓

3.15　挤夹　entrapment

身体或身体的一部分，或者衣物被挤夹、钩挂而产生的危险。

注：本标准仅考虑在使用者无法自由运动时造成的挤夹危险。

3.16　障碍物　obstacle

在游乐设备的空间范围内、跌落空间内或自由空间内的突出的物体或物体的一部分。

3.17　站台　platform

可供一个或多个使用者不用任何支撑即可站立的具有一定高度的平面。

3.18　扶手　handrail

帮助使用者平衡身体的栏杆。

3.19　护栏　handrail

防止使用者跌落的栏杆。

3.20　围栏　barrier

防止使用者跌落并防止从下面穿过的部件。

4　安全要求

4.1　材料

4.1.1　总则

4.1.1.1　材料应符合 GB 8408—2008 中 8.2 及 8.3 的规定。

4.1.1.2　室内儿童软体游乐设备表面应光滑无明显瑕疵，无尖锐物突出，感官无异臭，无刺激性气味。

4.1.1.3　各组合件与功能物在材料的选择及强度上应保证最基本的安全防护标准。同时注意维护，以便使材料可以在例行维护检查之前的强度不变。

4.1.2　强度

4.1.2.1　室内儿童软体游乐设备的主体框架强度应达到合承载荷测试要求。

4.1.2.2　钢管衔接部位的扣件及紧固件应确保整体框架稳固不摇晃。

4.1.3　阻燃性

4.1.3.1　各部件应当具备一定的阻燃性，达到国家 B1 防火等级，不可使用表面会产生表面火花的材料。

4.1.3.2　含毛绒或纺织面料的软体填充物易燃性能应符合 GB 6675.3—2014 的有关规定。

4.1.3.3　在必要时，需要求材料供应商提供相关材料的防火阻燃性测试报告，以确保设备内使用的材料符合防火性安全要求。

4.1.4　有害物质

4.1.4.1　室内儿童软体游乐设备组合件在材料的选择使用上，特别是与使用者直接接触的材料表面涂层不应含有对健康有害的物质，有害物质限量应符合表1的规定。

表 1　有害物质限量

序号	项目		限值
1	可溶性铅含量，≤		600mg/kg
2	铅含量，≤		90mg/kg
3	镉含量，≤		75mg/kg
4	锑含量，≤		60mg/kg
5	砷含量，≤		25mg/kg
6	钡含量，≤		1000mg/kg
7	铬含量，≤		60mg/kg
8	汞含量，≤		60mg/kg
9	硒含量，≤		500mg/kg
10	邻苯二甲酸酯含量（仅适于表面涂层）	邻苯二甲酸二异辛酯（DEHP）、邻苯二甲酸二丁酯（DBP）和邻苯二甲酸丁苄酯（BBP）总和，≤	0.1%
		邻苯二甲酸二异壬酯（DINP）、邻苯二甲酸二异癸酯（DIDP）和邻苯二甲酸二辛酯（DNOP）总和，≤	0.1%
11	多环芳烃含量（仅适于橡胶和塑料材料）	苯并[a]芘，＜	1mg/kg
		十六种多环芳烃（萘、苊烯、苊、芴、菲、蒽、荧蒽、芘、苯并[a]蒽、䓛、苯并[a]荧蒽、苯并[k]荧蒽、苯并[a]芘、二苯并[a, h]蒽、苯并[g, h, i]芘、茚苯[1, 2, 3-cd]芘）总和，＜	10mg/kg

4.1.4.2　金属件应防阴极腐蚀，同时应防气候腐蚀，会产生有毒的氧化层的金属，应有无毒镀层。在必要时，需要求材料供应商做相关组合件原材料的化学测试，并提供相关化学测试报告。

4.1.5　环保性

4.1.5.1　在某些特殊气候条件下，应选择相对应的材料。

4.1.5.2　在选择室内儿童软体游乐设备的材料上，要注意，在最终丢弃材料的时候，需考虑此材料是否对环境有危害。

4.2 设计和制造

4.2.1 总则

4.2.1.1 室内儿童软体游乐设备的设计与制造应当在保证足够安全性的前提下，提高产品的可玩性、趣味性及一定的冒险性。室内儿童软体游乐设备在设计初始就要考虑到产品的安全性，包括结构安全，部件衔接安全，凡儿童可能接触之处，均不允许有外露锐边、尖角及危险突出物，地面应备设软性层，室内儿童软体游乐设备的非进出口应有安全护栏、围栏或安全网防护，预防及避免儿童在游乐玩耍过程中有可能会出现的一系列危险因素。室内儿童软体游乐设备应设计成可以使成人进入其内，以便在游乐设备内部帮助儿童。

4.2.1.2 室内儿童软体游乐设备的附加安全要求有下列：

防止跌倒：

护栏（4.2.4.3）。

围栏（4.2.4.4）。

陡峭攀爬设备（4.2.9.4）。

除了水里的游乐设备，所有游乐设备都应有防积水设计。

4.2.1.2 室内儿童软体游乐设备内组合的充气弹跳设备应按照本安全要求进行设计，即对可能出现的危险进行判断，识别充气弹跳设备安装、使用、维护、修理以及处置过程中各种危险（包括危险的地点以及有害的事件），并提出有针对性的相应措施，以使风险消除或最小化。

4.2.2 结构强度

4.2.2.1 即使在游乐设备最不利的情况下，也应保证其结构强度。结构强度，包括稳定性。

4.2.2.2 计算过程中，极端情况不可以超过合并的负载。

4.2.2.3 测试时，设备不能出现任何裂纹，损坏或永久变形。

4.2.2.4 上述计算方法并不适合某些设备，但结构强度应至少相当。每台设备及其部分结构件都必须能够承受永久负载和可变负载。

注1：不需考虑特殊的负载，如火灾，车辆撞击，或地震引起的特殊负载。

注2：游乐设备一般不需要考虑耐久负载。结构强度要满足最不利的情况。

注3：为满足最不利情况，有时需要去除有利的因素，如图4所示。

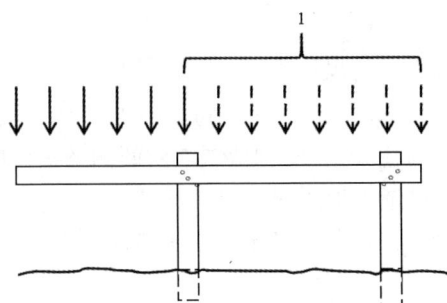

1——去除这部分负载（有利因素）

图 4 去除能产生有利因素的负载

4.2.3 成人可进入性

4.2.3.1 游乐设备应设计成确保成人进入其内，以便帮助游乐设备内部的儿童。

4.2.3.2 游乐设备内全封闭的部分如隧道和游戏房，如果其内部距离（从进入点开始计算）大于 2000mm，则应设有独立的出入口，应可不借助辅助设备即能到达（如：不是设备附属的梯子即为辅助设备）。所有这些出入口的直径都应大于 500mm。

4.2.3.3 为防止发生火灾，这些出入口应允许使用者通过不同的路线离开设备。

4.2.4 防止跌落

4.2.4.1 易进入的部件

易进入的部件包括阶梯、缓坡。当梯子的第一档高度小于 400mm，可认作是易进入的部件。当叠层站台高度差小于 600mm 的，可认作是易进入的部件。

4.2.4.2 扶手

扶手的高度应不低于 600mm，不高于 850mm（从脚的位置开始计算，参见图 5）。扶手尺寸应至少满足抓握的要求，参见 4.2.4.5。

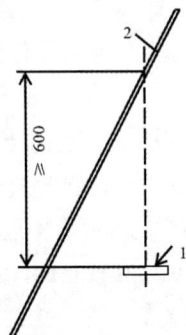

1——脚的位置；2——扶手

图 5 扶手高度测量方法（从脚的位置开始计算）

4.2.4.3 护栏

游乐设备内组合的站台高度在 500mm 到 1000mm 的儿童滑梯,应安装护栏。护栏的高度应不低于 600mm,不高于 850mm(从站台、阶梯或缓坡的表面开始测)。除去必须的地进口和出口,在阶梯或缓坡的两侧及站台的四周都应安装护栏。除去阶梯、缓坡和桥式过道,护栏的进口、出口的宽度最大不能超过 500mm。对于阶梯、缓坡和桥式过道,进出口的宽度最大不能比上述部件的出口宽。

4.2.4.4 围栏

4.2.4.4.1 除去必需的进口和出口,在站台的四周都应安装围栏。除非有护栏横过出口[参见图 6(b)和 6(c)],围栏进、出口的宽度最大不能超过 500mm。对于阶梯、缓坡和桥式过道,由于此类设备有自己附属的围栏,其他围栏进出口的宽度最大不能比上述的部件出口宽。

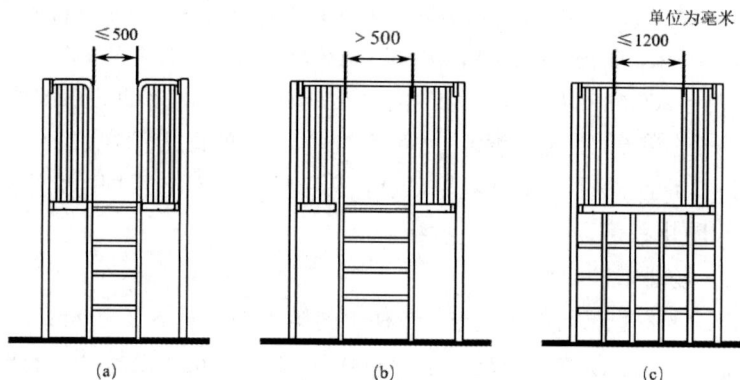

图 6　与围栏相连的进口/出口

4.2.4.4.2 不应有水平或近似水平的横档或横杆,以避免儿童将它们当作台阶,向上攀爬。

4.2.4.4.3 站台面和护栏的底部的距离及任何其他保护装置之间距离应不允许模拟儿童身体的测试棒通过。

4.2.4.4.4 对于幼小的儿童容易进入的设备,当站台高度高于 600mm 时,应安装围栏。对于幼小的儿童不容易进入的设备,当站台高度高于 2000mm 时,应安装围栏。从站台、阶梯和缓坡表面测量,围栏的高度应不能小于 700mm。对于幼小的儿童容易进入的设备,围栏如果是通向陡峭攀爬设备的,应符合 4.2.9.4 的要求。所有其他设备,围栏如果带有通向陡峭攀爬设备的护栏,护栏的长度应不小于 1200mm。

4.2.4.4.5 扶手、护栏和围栏应从缓坡和阶梯的最低点开始安装。

4.2.4.4.6 设备总高度超过 2000mm 的,在设备顶部必须要有护网封顶,防止儿童跌落。

4.2.4.5 强度要求

护栏和围栏的强度要符合 4.2.2。

4.2.4.6 握与抓的要求

4.2.4.6.1 为方便儿童使用，所有可以握住的支撑物截面（见图 2），直径应不大于 45mm，不小于 16mm（从中心位置测量）。

4.2.4.6.2 为方便儿童使用，所有可以抓住的支撑物截面（见图 3），直径应小于 60mm。

4.2.5 突出物

4.2.5.1 木制零部件表面应处理到不易开裂。其他材料表面（如玻璃纤维）应不会有碎片。

4.2.5.2 游乐设备可接触范围内不能有尖锐突出的零部件，设备粗糙的表面不应产生任何能导致受伤的危险。在设备可接触部分范围内突出的螺栓应有永久性保护，例如圆头螺母。凸出表面小于 8mm 的螺母和螺栓不能有毛刺。所有的焊接部分必须磨平。

注 1：图 7 给出了螺母和螺栓的保护实例。

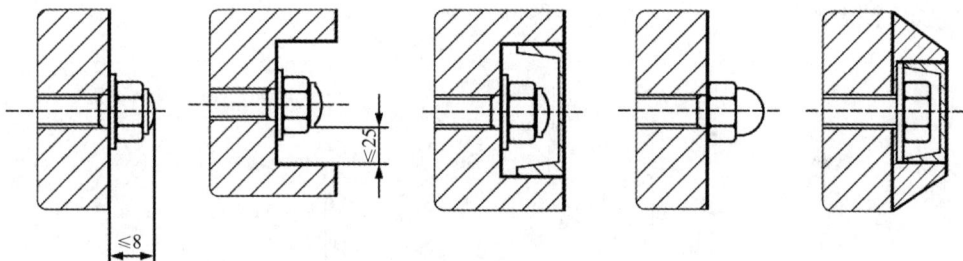

图 7 螺母和螺栓的保护示意图（单位为毫米）

4.2.5.3 可接触范围内凸出表面超过 8mm 的角、边和突出部件，以及从突出部件末端起不超过 25mm 且没有被邻近区域保护的角、边和突出部件都应圆滑，最小曲线半径为 3mm。

4.2.6 移动部件

根据 4.2.7 测试时，在移动部件和/或固定部件间不允许有挤压点或剪切点，可能产生很大撞击力的部件应有减震装置，如果移动部件可能损伤身体，则应离开地面至少 400mm。

4.2.7 防挤夹保护

4.2.7.1 总则

在选择材料时，生产厂家应避免由于材料变形而引起的挤夹危险。不应有方向朝下且角度小于 60°的开孔。

注 1：夹轧测试方法在附录 D

注 2：可能的夹轧情形在附录 E

4.2.7.2 头颈部挤夹保护

4.2.7.2.1 头部先进入或脚部先进入的设备设计开孔时应考虑下列可能发生头颈部挤夹危险的情况：

a）儿童可能头部或脚部先进入的完全封闭开孔；

b）部分封闭或 V 型开孔；

c）其他类型的开孔（如剪切或移动开孔）。

4.2.7.2.2 可接触到的完全封闭开孔的最低位置超过地面或站立面 600mm 以上。

4.2.7.2.3 其他类型开孔（剪切或移动开孔）

a）非刚性的部件（如绳子）不应交叉重叠；

b）在悬桥的非刚性部件和其他刚性部件之间开孔直径应不小于 230mm （要考虑加载和不加载两种情况，而加载情况要根据 4.2.2 考虑最恶劣的情况）。

注：此要求还需要考虑悬桥上非刚性支撑（如钢丝绳）的尺寸随时间变化会变长。图 8 给出了一个典型的悬桥图例。

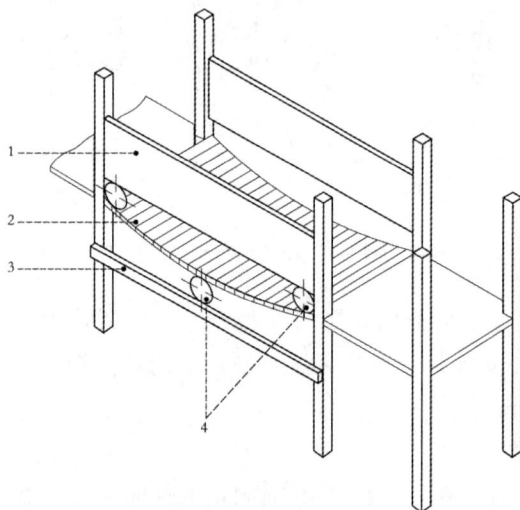

1——刚性部件；2——悬桥；3——刚性部件；4——直径最小 230mm

图 8　悬桥

4.2.7.3 衣物/头发钩挂或缠绕保护

游乐设备在设计过程中应考虑下列危险情况，以避免产生衣物钩挂或头发缠绕：

a）设备存在缺口或者 V 型开孔，使得儿童在开始进行非自主运动时，或在进行非自主运动过程中，部分衣物或头发可能会被钩挂；

b）突出物；

c）轴、旋转部件。

注 1：挂链测试针对的是自由空间，因为根据实际经验，天然材料和不同的连接随时间的推移而会变化。自由空间的定义（参见 3.6）不包括可能出现跌落的三维空间。在设计中选用圆形的部件（如圆形的管路或立柱）特别要引起注意，不要在跌落的空间内产生衣物缠绕的危险。

注 2：可通过增加隔板或相类似的部件来解决。在测试时，滑梯和爬杆自由空间内的开孔不能夹住挂链。在测试时，屋顶部件不能夹住挂链。轴和旋转物体应设计成不会夹住衣物和头发。

注 3：可以通过使用适合的覆盖物来完成。

4.2.7.4 身体的挤夹保护

4.2.7.4.1 游乐设备设计时候应考虑下列危险情况，以避免产生身体挤夹：

a）儿童可以全身爬入的管道；

b）较重的或有刚性支撑的悬挂部件。

4.2.7.4.2 管道应满足表 2 的要求。

表 2 管道要求（单位：毫米）

	一端开孔	两端开孔			
角度	≤5°	≤15°			>15°
内部最小尺寸 a	≥750	≥400	≥500	≥750	≥750
长度	≤2000	≤1000	≤2000	无	无
其他要求	无	无	无	无	提供攀爬如台阶或扶手
注：管道滑梯的要求参见 4.3.1					
a：在最窄的地方测量					

4.2.7.5 脚和腿的挤夹保护

4.2.7.5.1 游乐设备在设计时应考虑下列危险情况，以避免产生脚或腿的挤夹：

a）在儿童可以奔跑或攀爬的平面上的完全封闭的刚性开孔；

b）从这些平面上延伸的站立点和扶手点。

注：在 b）的情况下，当使用者摔倒时，脚和脚踝可能会严重受伤。

4.2.7.5.2 用于奔跑、行走的与水平面不大于 45°的表面，在主运动方向的间隙应不大于 30mm（参见图 9）。

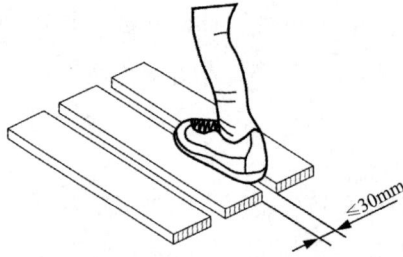

图 9　间隙最大不能超过 30mm 的表面

4.2.7.6　手指的挤夹保护

4.2.7.6.1　游乐设备在设计时应考虑下列危险情况，以避免产生手指的挤夹：

a）当身体进行非自主运动时（如滑梯上运动，或秋千上运动），手指可能被卡住的缝隙；

b）可变的缝隙（包括铁链）。

4.2.7.6.2　在使用者进行非自主运动的自由空间中的开孔，和/或其最低位置在地面上 1000mm，在测试时，应满足下列要求之一：

a）8mm 测试指不应通过开孔，当测试时，此开孔应不应夹住测试指；

b）如果 8mm 测试指通过了开孔，25mm 测试指也应通得过此开孔。

4.2.7.6.3　管路和管子的末端应封闭以防止手指夹伤，在不利用工具的情况下不能将封闭物移除。

4.2.7.6.4　在任何位置上的可变缝隙最小尺寸应不少于 12mm。

4.2.8　跌落保护

4.2.8.1　跌倒高度的确定

4.2.8.1.1　除非另行规定，跌倒高度参见表 3。在确定跌倒高度时，应考虑到设备和使用者可能的移动和运动。总之，应考虑到设备最极端的移动方式。

表 3　不同形式的跌倒高度

使用方式	垂直高度
站立	从脚部支撑位置到地面距离
坐	从座位到地面距离
悬挂［完全由手部支撑身体并使身体提升，参见图 10（b）］	从手部支撑位置到地面距离
攀爬*（通过手和腿/脚共同支撑身体，如爬绳或滑杆）	脚部支撑的最高点到地面距离 3000mm。手部支撑的最高点到地面距离 4000mm（手部支撑最高点到地面减去 1000mm 即跌落高度）
*：此类"攀爬"设备应不包括跌落高度大于 3m 的可接触位置。	

4.2.8.1.2　对于设计为不鼓励攀爬的屋顶或其他不是用于玩耍的部件，可不必考虑跌倒高度。

注：设计成鼓励攀爬的特征有：

——可以从屋顶上到达的玩耍部件；

——用于攀爬的手脚支撑；

——在胳膊和腿可到达的距离；

——屋顶的角度；

——屋顶面的粗糙度。

4.2.8.1.3　跌倒高度（h）不允许超过 3m，参见图 10。

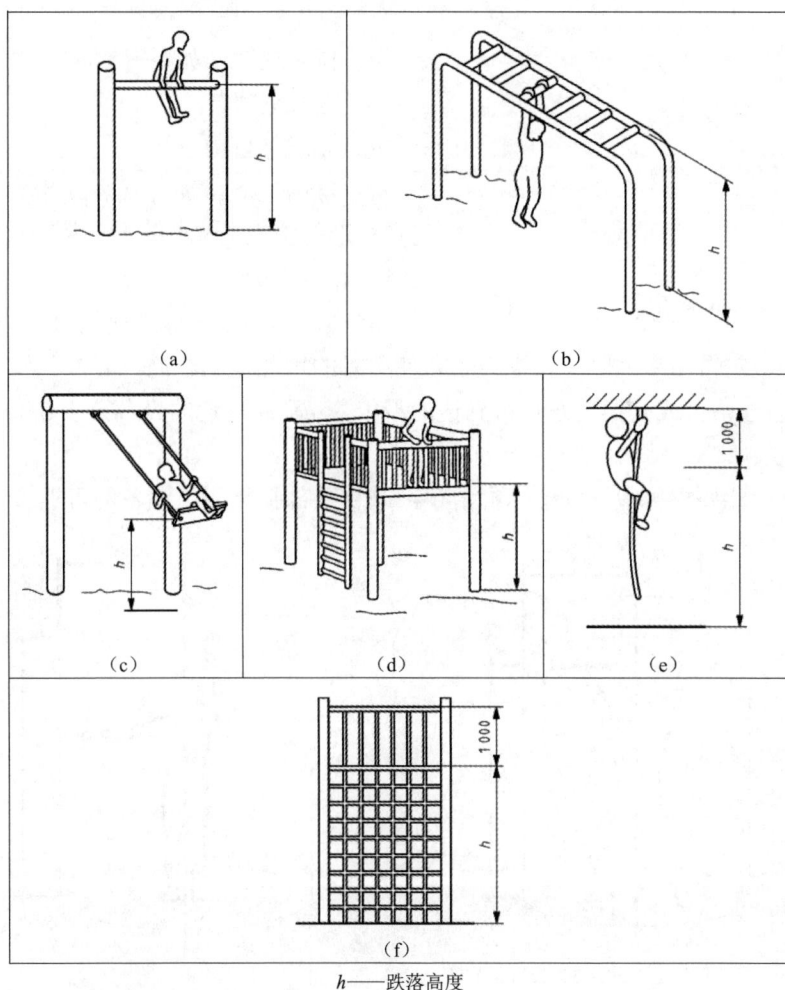

h——跌落高度

图 10　不同跌落高度示范（单位为毫米）

4.2.8.2 空间和范围的确定

4.2.8.2.1 总则

对于跌落空间和碰撞区域的要求，本标准主要目的是令使用者在可能跌落并且可能被撞的区域内给予一定的保护。这些空间和区域保护也可以给其他在设备旁边玩耍的使用者以一定的保护。尤其应注意那些带有极高速度的可以坐着玩的设备，如秋千和其他摇马、跷跷板等，可把此类设备摆放到游乐场的周边，以防止使用者无意识进入到设备旁边。

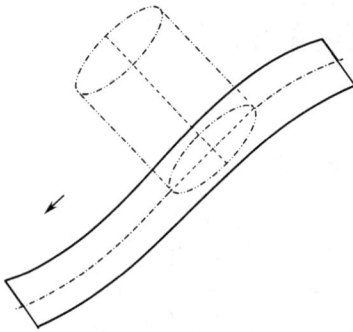

图 11 自由空间的确定（以滑梯示例）

4.2.8.2.2 最小空间

最小空间包括：

a）设备占用空间；

b）自由空间（如果有）；

c）跌落空间。

4.2.8.2.3 自由空间

a）自由空间可通过代表使用者的一系列圆柱形的空间（参见图 11）从垂直的方向上沿着非自主运动方向下行。

b）圆柱形的空间参见图 12，尺寸见表 4。在确定自由空间时应考虑设备和使用者的可能运动轨迹。

c）通过站台或其他出发点可到达的滑竿，应距离周边的设备至少 350mm（从滑竿开始测量）。

注 1：此要求可保证安全抓握滑竿，减少头部撞到周边设备的可能。

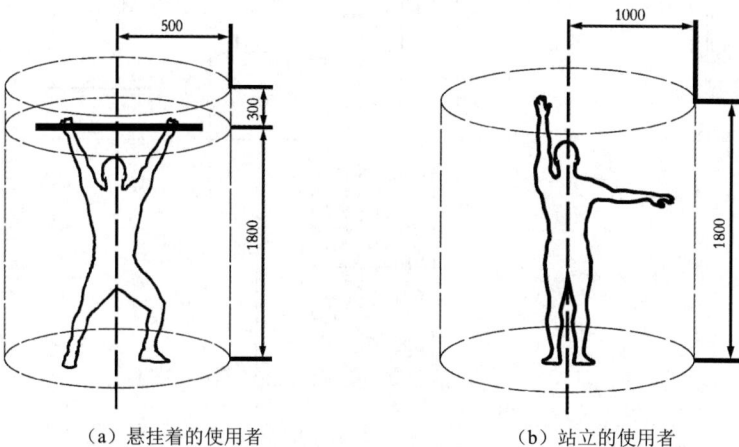

（a）悬挂着的使用者　　　　　（b）站立的使用者

图 12 圆柱形空间（单位为毫米）

表4　以圆柱形代表确定的自由空间的尺寸（单位：毫米）

使用类型	圆弧半径	高度
站立	1000	1800
坐	1000	1500
悬挂	500	悬挂抓握位置上方300，下方1800
注：在悬挂的情况下，高度为悬挂抓握位置上方300mm是因为使用者可能会自己用力向上		

4.2.8.2.4　碰撞区域

确定碰撞区域如图13所示。在某些情况下，如旋转木马，会给使用者一个水平的速度，所以碰撞区域需要延伸，以便给予使用者足够的防跌倒保护。

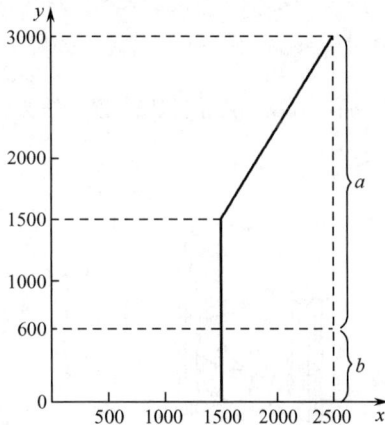

若 $600 \leqslant y \leqslant 1500$，则 $x=1500mm$；若 $y>1500$，则 $x=2/3y+500$

Y——跌落高度

X——碰撞区域的最小尺寸

a——减震地面（根据4.2.8.5.2要求）

b——地面无要求，除非有非自主运动（参见4.2.8.5.3）

图13　碰撞区域（单位为毫米）

4.2.8.2.5　跌落空间

跌落空间的图示见图14和图15。

a）除非另外有规定，跌落空间应在站台以外至少延伸1500mm（水平测量，从站台的垂直投影处开始测量）。

b）跌落高度高于1500mm后，跌落空间随跌倒区域延伸而增加（参见4.2.8.4）。为防止非自主运动产生下落而造成的危险，跌落空间应适当增大，而当设备安装在墙上或是全封闭情况下，跌落空间可适当减小。

c）不同设备要求的跌落空间（包括碰撞区域）可能重叠。非自主运动的跌落空间不可重叠。

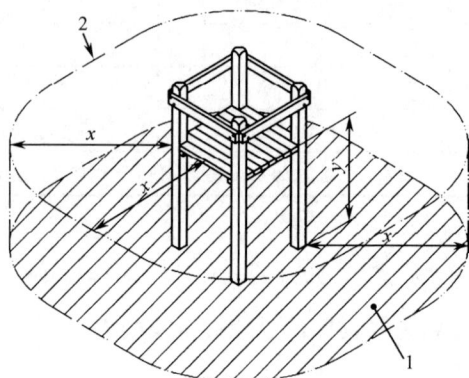

1——碰撞区域；2——跌落空间；x——跌落空间延伸；y——跌落高度

图 14　站台跌落空间和碰撞区域的图示

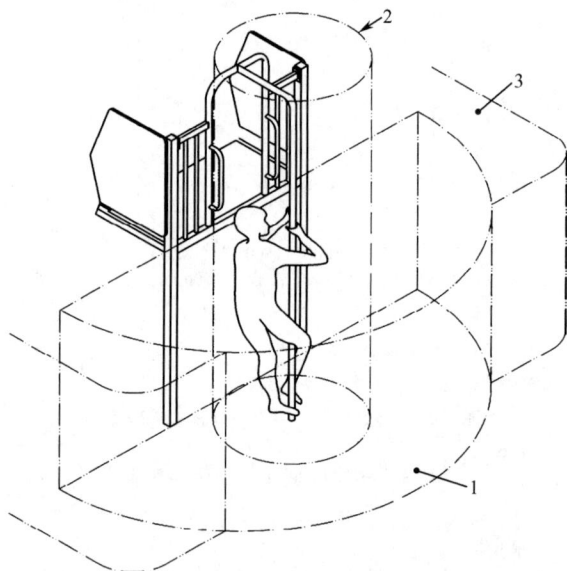

1——滑竿的跌落空间；2——滑竿的自由空间；3——站台的跌落空间

图 15　滑竿的跌落空间和自由空间图示

4.2.8.3　在自由空间内对非自主运动的保护

4.2.8.3.1　除非另外有规定，在提供非自主运动设备中，相邻的自由空间之间或自由空间和跌落空间之间不可重叠。

注：此规定不适用于不同设备群之间的共同空间。

4.2.8.3.2　自由空间中不应有任何可能会影响使用者非自主运动的障碍物，如树杈、绳子、横档等。在自由空间里只可出现用于支撑或容纳使用者的设备，或是为了帮助使用者保持平衡的设备（如设有滑竿的站台，参见 4.2.8.2.3）

4.2.8.3.3　自由空间不可与游乐设备所在的或可通过的主路径（如人行道）重叠。

4.2.8.4　跌落空间内的防伤害

4.2.8.4.1　跌落空间中不应有可能对跌落的使用者造成伤害的障碍物。如立柱下端与周围的部件不平，或暴露的地基（参见 4.2.13）。

注：此要求的目的不是为了防止使用者出现小的碰撞或碰伤而引起的瘀伤或扭伤等等。

4.2.8.4.2　下列部件可在跌落空间中出现：

——高度不同的相邻设备，高度差小于 600mm；

——用于支撑或容纳使用者的设备，或是为了帮助使用者保持平衡的设备；

——设备与水平面的倾斜角度大于 60°。

注：上述情况下，跌倒的儿童只会有轻微的碰撞。

4.2.8.5　碰撞区域内的防伤害

4.2.8.5.1　碰撞区域内应设有跌倒缓冲地垫，应无锋利的边角及突出物，同时不应有挤夹危险（参见 4.2.7）。应根据游乐设备的跌落高度，确定地垫厚度，如跌落高度大于 3000mm，地垫最小厚度应在 25mm 到 50mm。

4.2.8.5.2　在所有跌落高度大于 600mm 的设备和/或带有非自主运动的设备下面（如秋千、滑梯、摇马/跷跷板、滑道、旋转木马等），在整个的碰撞区域内应有防跌倒地面。此地面的临界跌落高度应大于等于设备的跌落高度。

4.2.8.5.3　在跌落高度小于 600mm，无非自主运动的设备下面，不须测试其地面的临界跌落高度。

4.2.8.5.4　如果在相邻站台间的跌落高度大于 1000mm，则较低站台表面应设必须的防跌倒措施。

4.2.8.5.5　设备内或旁边不可有任何不可预料的障碍物，此类障碍物会对使用者造成伤害。

注：图 16 给出了此类障碍物例子

4.2.9　专用通道

4.2.9.1　梯子

4.2.9.1.1　梯子的横档或台阶的距离应满足 4.2.7.2 的头颈部挤夹的要求。

4.2.9.1.2　梯子的横档或台阶应不能转动，间距应相等。梯子的最低横档和地面之间距离，以及梯子最高横档和站台之间距离不需与其他横档间距相等。此要求不适用于绳梯。

注：为帮助使用者安全的从梯子到达站台或梯子的顶部，梯子的两端（不带横档或台阶）可从站台延伸到围栏的顶部。

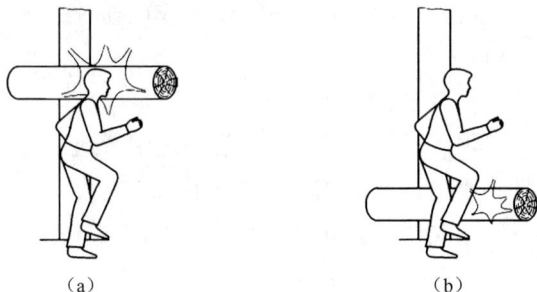

图 16　不可预料的障碍物

4.2.9.1.3　木制零部件应连接紧密，不能脱开或移动。不应使用铁钉或木制螺丝作为唯一连接方式。

4.2.9.1.4　为使脚可正常地踩在横档或台阶上，梯子后面 90mm 之内应无障碍物（从梯子的横档中心垂直测量）。横档和台阶应水平，误差允许值为±3°。

4.2.9.1.5　梯子的横档和/或相应的支撑应符合抓的要求（参见 4.2.4.6.1 测试），若有扶手应符合握的要求（参见 4.2.4.6.2 测试）。

4.2.9.2　阶梯

4.2.9.2.1　阶梯应符合 4.2.4 要求。护栏和/或围栏应从第一个台阶开始安装，并且应符合抓握的要求（参见 4.2.4.6）。

4.2.9.2.2　对于通向 1000mm 以下站台的阶梯，可使用护栏代替围栏，护栏的下方应距离台阶中心点小于 600mm。

4.2.9.2.3　对于一组高度高于 1000mm 且最大的倾斜角度大于 45°的阶梯，应设置围栏且应符合抓的要求，或应安装扶手。

注：围板的厚度小于 60mm 可认为是符合抓的要求。

4.2.9.2.4　阶梯的倾斜度应固定，同时应至少有 3 个台阶。开孔应符合 4.2.7.2 的要求。台阶应高度相同，设计相同，相对水平，误差允许值为±3°。

4.2.9.2.5　为了使站立时有足够的空间，阶梯最小应突出 140mm，最小深度应不小于 110mm（参见图 17）。

4.2.9.2.6　当阶梯的整体高度大于 2000mm 时，在 2000mm 内应设置中间站台。中间站台的长度应不少于 1000mm，宽度应不小于阶梯宽度。经过中间站台以后，应至少偏移一个阶梯的宽度，或者方向改变 90°方可继续设置阶梯。

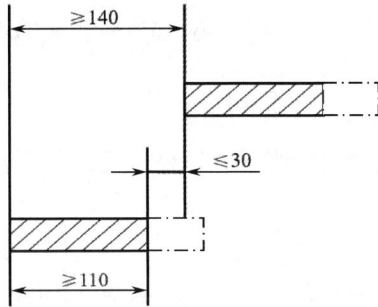

图 17　最小突出和最小深度（单位为毫米）

4.2.9.3　缓坡

4.2.9.3.1　缓坡应符合 4.2.4 的要求，表面应进行防滑处理。缓坡的倾斜角度最大不应超过 38°，且倾斜角度不变。

注：如果倾斜角度大于 38°，则不能认为是缓坡，但是可以看做是攀爬路径。

4.2.9.3.2　通向 1000mm 以下的站台的缓坡，可使用护栏代替围栏，护栏下方与缓坡的距离应小于 600mm。护栏应从缓坡的起点开始安装。

4.2.9.3.3　坡道宽度方向上的水平误差允许值为±3°。

4.2.9.4　陡峭攀爬设备

对于安装于易进入部件的陡峭攀爬设备，在围栏处的开孔最大应不超过 500mm，站台跌落高度应大于 2000mm。

注：此要求的目的是使监护人必要时可协助儿童。

4.2.9.5　装配

部件应连接紧固，在不使用工具情况下，应不能打开部件的连接。

4.2.10　易损件

容易磨损的零部件或设计成需更换的部件，应可以更换（如轴承）。可更换的部件应防止非授权的更换，同时应需较低的维护成本。润滑剂如果漏出不应污染到游乐设备，或降低设备安全性。

4.2.11　绳索

4.2.11.1　一端固定的绳子

4.2.11.1.1　当绳长在 1000mm 到 2000mm 之间时，绳子固定端距离游乐设备固定部件应不小于 600mm，距离摆动设备应不少于 900mm。

4.2.11.1.2　当绳长在 2000mm 到 4000mm 之间时，绳子固定端距离游乐设备固定部件应不小于 1000mm。

4.2.11.1.3　一端固定的绳子不应与秋千在同一个秋千架内。

4.2.11.1.4　绳子的直径应在 25mm 到 45mm。

注：在不降低抓握性能的前提下，应选用较粗硬的绳子，难以打结，减少颈部被勒的危险。

4.2.11.2　两端固定的绳子（爬绳）

4.2.11.2.1　对于两端固定的绳子（仅作为爬绳使用，不作为大型网状游乐设备的一部分的），应保证绳子不会形成一个可以让测试棒通得过的环形。

注：此目的是减少颈部被勒的危险

4.2.11.2.2　绳子直径应符合握的要求（参见 4.2.4.6）。

注：绳子应足够粗糙，以便容易握住。同时应足够硬，以减少颈部被勒的危险。可通过使用最小直径为 6mm 的几股绳子拧在一起来实现此目的。

4.2.11.2.3　当两端固定的绳子与其他部件结合使用时，应注意避免出现挤夹的危险（参见 4.2.7.2）。

4.2.11.3　钢丝绳

4.2.11.3.1　钢丝绳端部安装应符合 GB 8408—2008 中 8.11 的要求，绳末端应符合握的要求。

4.2.11.3.2　钢丝绳应是去应力的，应是镀锌或防腐蚀钢丝。如果手握部分的端部突出大于 8mm，应有适合的覆盖物。

4.2.11.3.3　螺丝扣的端部应锁住（参见图 18），应使用防锈材料。如果不使用工具，应不可打开。

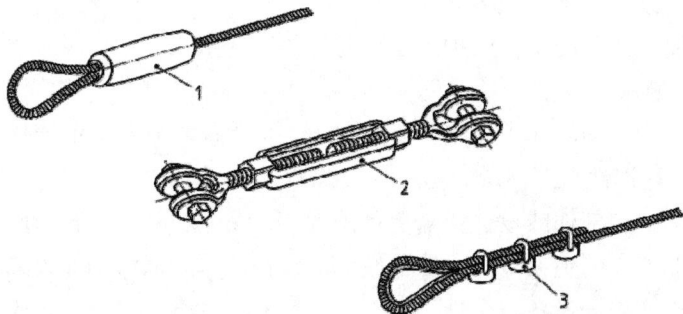

1——钢丝绳端部紧固装置；2——螺丝扣；3——钢丝绳手握部分

图 18　钢丝绳端部紧固装置、螺丝扣、钢丝绳手握部分的示例

4.2.11.4　带有护套的钢丝绳

当带护套的钢丝绳用作爬绳、爬网、悬绳或其他类似部件时，每股绳子应带有合成或天然的护套，护套不应是单纤维或断裂的纤维。

注：绳子中钢丝使绳子不易损坏，降低危险。

4.2.11.5　纤维绳（纺织品）

纤维绳应符合 GB/T 21328—2007 的要求。当用作爬绳、爬网、悬绳或其他类似部件时，每股绳子应有柔软的不会开裂的护套，如麻类或相类似的材料。不可使用单纤维塑料绳和相类似的材料。

4.2.12　链条

用于游乐设备的链条应符合 GB 8408—2008 中 5.3.8 的要求，同时在任何方向上最大开口应不大于 8.6mm（在连接处开口应大于 12mm，或小于 8.6mm）。

4.2.13　场地要求

4.2.13.1　场地应平整，应根据设计图样和技术文件的要求，确立安装基准，安装基准经找平调平后，应进行测量和检验。

4.2.13.2　室内应有充足的灯光照明和应急照明设备，并符合 WH 0210—1994 的要求。

4.2.13.3　场内应依据国家消防的相关规定，配备足够的消防器材和火警报警设施，通风良好，设置有足够的紧急疏散通道。

4.2.13.4　游乐设备的建造必须符合国家有关防火安全的规定。

4.2.14　重型悬杆

4.2.14.1　如果悬杆重量大于 25kg，则悬杆被定义为重型悬杆。

4.2.14.2　重型悬杆的最低点离地面距离应大于 40mm（参见图 19）。重型悬杆的各个面的弧度都应在 50mm 以上。运动路径（图 19 里面的 a）应不超过 100mm，不超过立柱的位置。立柱和重型悬杆的距离（在悬杆的整个运动轨迹内）应不小于 230mm。

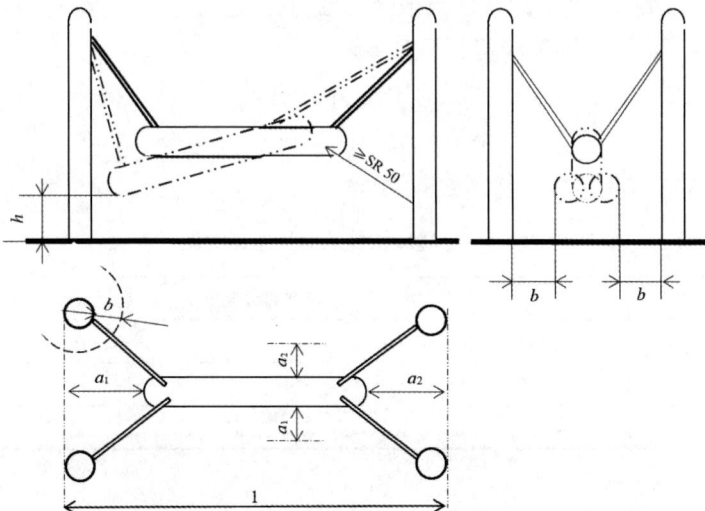

h——离地面距离；a——运动轨迹 $a_1 + a_2$，≤200mm；b——与固定部件距离，≥230mm；1——最大偏转

图 19　重型悬杆示例

4.2.15 电气要求

4.2.15.1 电气系统应符合 GB 8408—2008 中 6.1 的规定。

4.2.15.2 电气设备金属外壳及不带电金属结构等必须可靠接地，接地装置应符合 GB/T 20051—2006 中 3.13.2 的规定。保护接地电阻应不大于 10Ω。带电回路与地之间的绝缘电阻应不小于 $1M\Omega$，并应能经受 GB/T 20050—2006 中 6.9.3 规定的耐压试验。

4.2.15.3 所有进入室内儿童软体游乐设备区域内可供儿童玩耍的带电设备，应有电压保护装置，以防对儿童造成潜在触电危险。

4.2.16 焊接

4.2.16.1 焊缝连接应符合 GB 50017—2003 的规定。

4.2.16.2 焊接表面应打磨光滑、规整，不得有明显的焊瘤、咬边、表面气孔、夹渣、裂纹、未焊满等缺陷。

4.2.17 涂装

4.2.17.1 塑料件的表面应平整、不应有龟裂、破损、皱纹、气孔、飞边溢料、凹凸不平等缺陷。管筒内表面应光滑整洁。转角过渡应圆滑，不应有毛刺。

4.2.17.2 钢铁制件表面应进行防锈处理。

4.2.17.3 金属电镀件应符合下列要求：

a）外表面应镀层结合牢固，不应有起皮脱落、露底、漏镀、鼓泡等缺陷；

b）耐腐蚀性能试验应达到 6 级以上；

c）镀层的结合强度，按弯曲法或锉刀法进行试验后，应无起皮、脱落等现象。

4.2.17.4 金属涂饰件应符合下列要求：

a）外表面应光滑平整、结合牢固，不应有起皮脱落、漏涂、锈蚀、裂痕等缺陷；

b）涂层理化性能应符合表 5 的规定。

表 5 金属涂饰件的涂层理化性能

序号	项目	指标或要求
1	冲击强度	试验后无裂纹、剥落等现象
2	附着力	试验后不低于 2 级
3	耐候性能	经过 300h 人工加速的老化试验后，应不低于装饰综合老化性能的 2 级

4.2.18 使用寿命

4.2.18.1 室内儿童软体游乐设备内各组合件、功能物的使用寿命应列示在设备维护手册里，包括易损件需维修更换的时间。

4.2.18.2　各类声光电等小型设备必要时需列出电机等核心部件的使用寿命，确保设备在使用寿命内能正常运转，接近使用寿命时能及时更换部件。

4.2.19　产品标志、标识、产品说明书

4.2.19.1　产品标志

产品标志应用简体中文表示，至少应包含下列内容：

a）制造商或供应商的名称；

b）产品名称；

c）规格型号；

d）产品标准。

e）服务或监督电话；

f）设施设计使用寿命；

g）使用人数限定、使用年龄范围、是否在成人监护下使用等安全要求。

4.2.19.2　标识

标识材料应采用与设施使用寿命相等同的材料制作而成，同时字体、图案清晰，易于识别。

4.2.19.3　产品说明书

产品说明书至少应包含下列内容：

a）设施概述及结构简介；

b）技术性能及参数；

c）操作规程、游玩须知及注意事项；

d）保养及维护说明；

e）常见故障及排除方法；

f）安装及调试方法和要求、场地要求、正确完整的安装示意图、安装要求、跌落空间、碰撞区域示意图、缓冲区域和缓冲材料要求、锚固要求等；

g）设施的设计使用寿命；

h）对管理操作维修人员的要求；

i）易损零部件清单与建议更换周期；

j）事故状态下的使用者疏导措施和方法；

k）企业名称及详细通讯地址、服务或监督电话、邮箱和网址等；

l）使用人数限定、使用年龄范围、是否在成人监护下使用等安全要求。

4.2.20　包装

4.2.20.1　产品可整体包装，也可以分体包装。包装材料的强度应符合装卸要求。包装箱上应有符合运输要求的标志。

4.2.20.2　包装时，应随附文件为产品合格证、使用说明书、装箱单、随机备

件、附件清单。

4.3 组合件附加安全技术要求

4.3.1 滑梯、滑筒

滑梯、滑筒的安全技术要求应符合 GB/T 27689—2011 的有关规定。

4.3.2 滑车

4.3.2.1 室内儿童软体游乐设备内滑车主要分为平滑车和斜滑车两大类产品。

4.3.2.2 为确保儿童玩耍时的安全性,滑车的轴承及接触面有相对运动的部位,应有润滑措施。平滑车最长不宜超过 4500mm,斜滑车最长不宜超过 6500mm。滑车把手轨道最低承重量不低于 100kg,包括轨道运行状态下的承重力。斜倾角不大于 25°,把手应自动提升。

4.3.2.3 滑车所处空间底部必须无任何障碍物,两侧必须有护网防护,末端应有缓冲装置。

4.3.3 蹦床

4.3.3.1 室内儿童软体游乐设备内的蹦床应当处于防护空间内,蹦床的离地高度不低于 600mm,以蹦面为基准线,从蹦面以上 2000mm 高度内不应有任何遮挡物。

4.3.3.2 蹦床的主入口应当设置软体阶梯进去蹦床,软体阶梯的每层间距不应超过 200mm,蹦床入口通道的最低宽度应不小于 500mm。

4.3.3.3 蹦床底座支架应用紧固件紧密连接,不能有松动脱落等危险。蹦床弹簧上方需覆盖软垫做安全防护,软垫必须与蹦床主框架紧密粘合,不能轻易拽开。蹦面应当做安全护边,确保儿童的手脚无法直接接触弹簧,以免发生危险。

4.3.4 秋千、吊环

秋千、吊环的安全技术要求应符合 GB/T 28711—2012 的有关规定。

4.3.5 拳击袋

拳击袋表面应当光滑、无棱角,拳击袋内部需用棉絮等软性材料填充,填充料应符合 GB 6675.3—2014 的规定。拳击袋的直径应在 200mm 到 300mm 之间,长度应在 600mm 到 800mm 之间。拳击袋上端扣件需与主框架紧固且符合手指防挤夹防护的要求。

4.3.6 充气弹跳

充气弹跳的安全技术要求应符合 GB/T 20051—2006 的有关规定。不应有硬物和尖锐边角存在。工作状态应充气盈盛,载人部位应具有不小于 30kg 承载能力。

4.3.7 儿童水床

儿童水床的最大承重值不小于 100kg。

4.3.8 可移动式桥形设备

桥面载人部位的最大承重值为 100kg。

4.3.9 软体球池

4.3.9.1 设置在游乐设备主体框架内的软体球池主入口开口尺寸不应小于 500mm，四周必须有护网防护。球池必须采用软体材料制作，球池高度不低于 450mm，宽度不窄于 150mm，必须设置软体阶梯进入球池。

4.3.9.2 球池内放置软体球，球直径应不低于 70mm，为达到安全防护作用，软体球所占球池体积不应低于球池总体积的 60%。

4.3.9.3 球池内装有滑梯、滑筒的，应为滑梯、滑筒出口段的两边提供半径不小于 1000mm 的防碰撞区域。

4.3.10 沙池

4.3.10.1 沙池应采用软体材料制作，沙池高度不小于 450mm，宽度不小于 150mm，应设置软体阶梯进入沙池。若沙池设置围挡，则围挡高度应不低于 1100mm，符合 4.2.7 的规定。

4.3.10.2 沙池内放置的材料应安全无毒，并保持干燥，定期消毒。

4.3.10.3 沙池四周必须设置警告标示，防止儿童吞食，3 周岁以下的幼小儿童需在成人监护下玩耍。

4.3.11 攀爬墙

4.3.11.1 攀爬墙把手应便于抓握，把手的承重不小于 50kg。

4.3.11.2 攀爬墙的安全高度不应超过 2500mm，超过 2500mm 的攀爬墙必须设置安全防护措施（如安全滑轮、安全带）。

4.3.11.3 攀爬墙直线距离 1500mm 范围内不允许放置任何障碍物。

4.3.11.4 攀爬墙下方应设置或铺设厚度不小于 40mm 的软垫或水垫、气垫等类似防护措施。

4.3.12 小型电动软体游乐设备

4.3.12.1 小型电动游乐设备表面均应由软体材料防护，电机、轴承、电线等零部件或配件不能外露。

4.3.12.2 转动类的小型电动游乐设备的线速度应低于 2m/s，有声设备运转时的噪声分贝应符合 GB 3096—2008 的要求低于 65 分贝。

4.3.12.3 每个骑乘单元额定负荷不低于 50kg，在额定载重状态下，应能正常运行。

4.3.12.4 应避免产生光辐射伤害。

4.3.12.5 鼓风机类产品必须设置防止进入装置，避免儿童触摸到鼓风机扇叶。

4.3.13 小型气压弹射类游乐设备

4.3.13.1 在设置弹射类的室内儿童软体游乐设备内，每把枪距离设备遮挡处的距离应在 3000mm 到 7000mm，每个枪架四周应有软体材料加护网防护。

4.3.13.2 气管链接件应牢固，不宜由儿童接触。

4.3.13.3 设备上方预留安全射程空间至少 3000mm，顶部加护网防护。

4.3.13.4 弹射类游乐设备采用的子弹球应为软性球，子弹球直径不小于 50mm，无任何有毒化学添加，无刺激性气味。

4.3.13.5 弹射类游乐设备内的噪声应控制在 65 分贝以下。

4.3.14 小型机械骑行类

4.3.14.1 机械骑行车蹬的脚踩面应安装牢固，相对于脚蹬部件应无移动。脚蹬应能绕脚蹬轴转动自如。

4.3.14.2 在脚蹬上应有脚踩面，并能自动地翻转在骑行者的脚底下。

4.3.14.3 机械骑行车的脚蹬承受 20kg 重物后，仍能正常转动（脚蹬与曲柄部件动态试验）。

4.3.14.4 机械骑行车上的鞍座应能承受 40kg 的力，鞍座部件不应有破裂或出现永久性扭曲。

7 检验方法及检验规则

7.1 检验方法

7.1.1 一般要求

长度尺寸和角度的测量误差允许值应符合 GB/T 1804—2000 规定的最粗级（V 级）要求。

7.1.2 基本参数、重要线性和角度尺寸检验

采用钢卷尺、钢直尺、游标卡尺、万能角度尺等通用量具检验。

7.1.3 外观和涂装、设备表面及各组合件位置、标志和使用说明的检验

采用目视及感官检查，必要时采用钢卷尺、钢直尺、游标卡尺、万能角度尺等通用量具抽检。

7.1.4 负载试验

按附录 A[1]的规定进行。

---

1 本标准化文件包含 5 个附录，即附录 A 到附录 E。限于篇幅，本书未给出相应的附录，请读者查阅该标准化文件的附录以了解更多内容。

7.1.5　结构强度计算

按附录 B 的规定进行。

7.1.6　结构强度的物理测试

按附录 C 的规定进行。

7.1.7　防挤夹保护的检验和试验

按附录 D 的规定进行。

7.2　检验规则

产品检验分过程自检、出厂检验、交接检验和型式检验。

产品出厂前应经生产厂的质量检验部门按本标准检验，合格后方可出厂。出厂必检项目包括随机成套性及各零部件的符合性。

现场安装后，供需双方按本标准要求共同进行交接检验，未经交接检验不得使用。

8　安装

设备的生产厂家/供应商必须提供产品零部件清单。

设备的生产厂家/供应商必须提供产品正确的安装说明书，包含正确的安装信息，如：

a）安装所需最小空间和安全间隙；

b）产品主要零部件的安装示意；

c）安装步骤说明（安装指导书和安装细节）；

d）任何特殊的工具（如安装中需要涉及的特殊安装工具）；

e）有关在正常情况下安装地基的细节要求。

9　使用维护管理

生产厂家/供货商必须提供维护的指导书。

生产厂家/供货商必须提供包括产品和零部件的检查和维护频率。

10　使用维护说明

使用维护说明应包括：检查的周期会随产品型号不同，材料不同，或其他因素（如使用频繁度，产品的使用年限等）必须提供维护、检查。

使用维护说明必须包括产品和零部件的检查和维护频率，包括下列：

a）日常目视检测。频繁使用或被滥用的室内儿童软体游乐设备内相关设备需每日进行此类检查。日常目视和运营检查包括：设备的清洁程度、设备离地距离、特别磨损部件、结构强度。

b）运行检查。此项检查 1 到 3 个月进行一次，或由生产厂家/供货商在说明书中给出具体时间段。

c）年度主要检测。

注：年度主要检查可能会需要拆开某些部件检查。

需要提供维护的重点和方法，如润滑、拧紧螺栓、重新拉紧绳子等，更换的零部件要符合生产厂家的规格要求。

其他需要检查维护保养的项目。

附录 D
超高分子量聚乙烯浮标生产规程

1 范围

本标准给出了超高分子量聚乙烯浮标生产规程的描述、生产规程环节及说明。

本标准适用于山东鲍尔浦实业有限公司超高分子量聚乙烯浮标产品的生产规程。

2 规范性引用文件

下列文件对于本文件的应用是必不可少的。凡是注日期的引用文件，仅所注日期的版本适用于本文件。凡是不注日期的引用文件，其最新版本（包括所有的修改单）适用于本文件。

GB/T 20000.1—2002 标准化工作指南 第 1 部分：标准化和相关活动的通用术语

3 术语和定义

下列术语和定义适用于本文件。

3.1 超高分子量聚乙烯 Ultra-high-molecular-weight polyethylene （UHMWPE）

指粘均分子量在 150 万以上的线性聚乙烯。

3.2 规程标准 process standard

规定规程应满足的要求，以确保其适用性的标准。

[GB/T 20000.1—2002，定义 2.5.5]

4 超高分子量聚乙烯浮标生产规程描述说明

4.1 图形符号

生产规程将通过生产规程图表示，并对生产规程图进行文字描述。描述生产规程所使用的图形符号如表 1 所示。

表 1 图形符号

图形符号	符号名称	说 明
	聚合	箭头指向的"业务"包含了其他"业务"，被包含的"业务"是箭头所指向"业务"的一个组成部分。比如进口旧机电检验检疫监管业务包含进口旧机电产品备案、进口旧机电到货检验与核销、进口旧机电监督管理、进口旧机电风险预警四部分业务
	开始	业务流程的开始
	结束	业务流程的终结
	业务流程环节	业务流程中的活动
	判定条件	业务流程流转的判断条件
	文档	业务流程中角色之间交互的文档
	状态转移	业务流程不同活动之间的状态转移
	泳道	在业务流程图中，根据不同角色的职责划分的一组活动
	分叉	业务流程图中，具有一个输入转移和多个输出的一个业务状态
	汇合	业务流程图中，一个业务环节等待一个或多个其他业务环节完成的业务状态

5　超高分子量聚乙烯浮标生产规程

5.1　超高分子量聚乙烯浮标生产规程图

超高分子量聚乙烯浮标生产规程如图 1 所示。

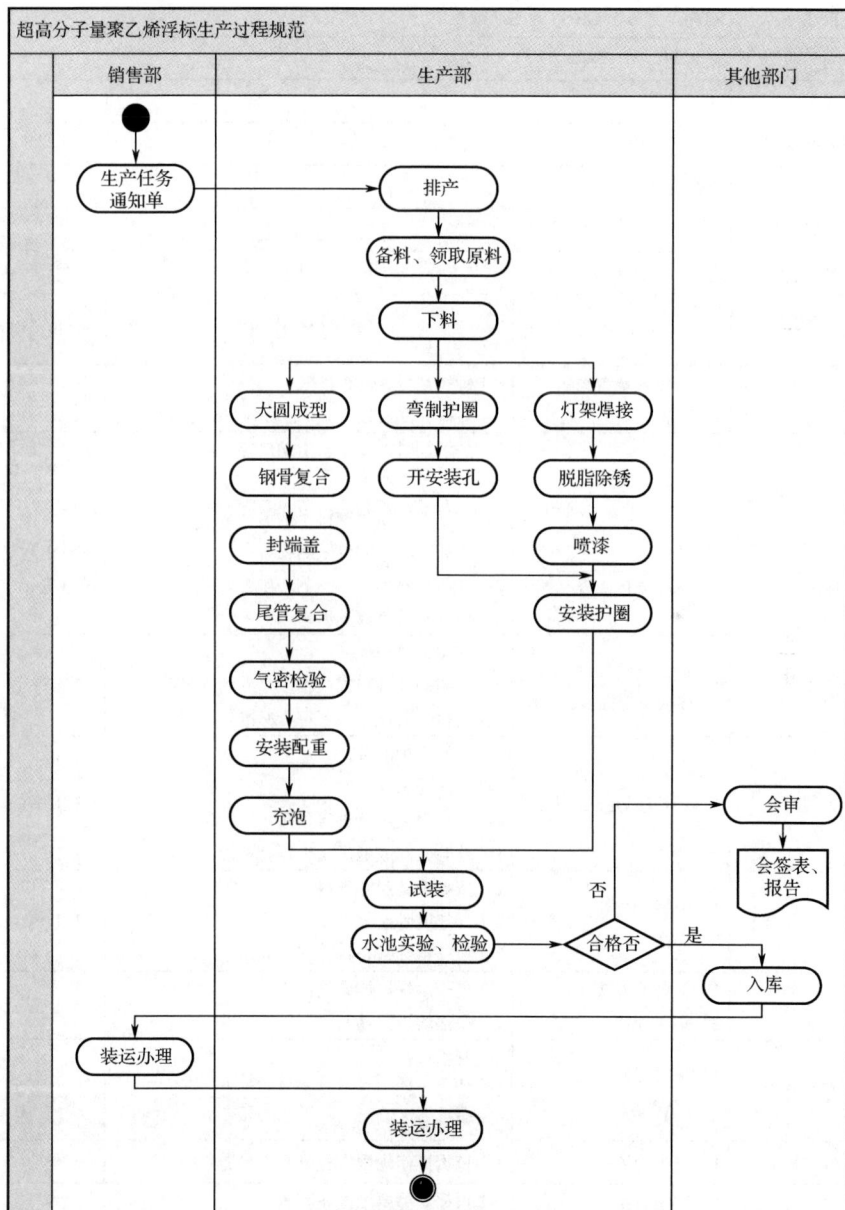

图 1　超高分子量聚乙烯浮标生产规程图

5.2　生产规程图的描述

表 2 给出了生产规程图的描述。

表 2　超高分子量聚乙烯浮标生产规程图的描述

描述			超高分子量聚乙烯浮标生产规程		
参与角色			销售部、生产部等		
前置条件			无		
开始时间			签订产品合同		
结束时间			产品装运		
异常			无		
后置条件			无		
序号	业务环节名称	节点	工作程序		相关资料
1	生产任务通知单	1. 预付款是否到账 2. 签发生产任务通知单	1-1 确认预付款是否到账； 2-1 将签字后的生产任务通知单下发到相关部门		生产任务通知单
2	排产	1. 安排生产	1-1 分析物料、设备、工期情况； 1-2 制订生产排产计划表		生产排产计划表
3	备料、领取原料	1. 备料 2. 领取原料	1-1 依据合同填写物料申购单； 1-2 依据物料申购单采购物料； 2-1 填写领料单； 3-1 依据领料单数量出库		物料申购单 领料单
4	下料	1. 确定下料尺寸 2. 按操作规程完成下料	1-1 核实下料尺寸； 2-1 按照操作规程完成相应尺寸的下料； 2-2 自检下料尺寸是否符合标准		5.3 工序 1
5	大圆成型	1. 导热油焊接成型	1-1 导热油炉准备； 1-2 焊接粉末准备； 1-3 依据焊接工艺进行焊接； 1-4 检验大圆成型后是否符合标准		5.3 工序 3
6	钢骨复合	1. 下料 2. 焊接	1-1 依据钢骨尺寸下料； 2-1 焊接钢骨； 2-2 检验钢骨是否符合标准要求		5.3 工序 5
7	封端盖	1. 加强筋焊接 2. 端盖焊接	1-1 电热熔焊接加强筋； 2-1 电热熔焊接端盖		5.3 工序 2、4
8	尾管复合	1. 管箍焊接 2. 尾管复合	1-1 管箍焊接； 1-2 检查焊接后管箍是否符合标准； 2-1 尾管复合		5.3 工序 7
9	气密检验	1. 气密检验	1-1 依据操作规程进行气密性检验		
10	安装配重	1. 准备配重 2. 检验配重与尾管尺寸 3. 安装配重	1-1 根据产品要求准备配重； 2-1 检验配重与尾管的间隙是否符合标准； 3-1 按要求安装配重		5.3 工序 9

续表

序号	业务环节名称	节点	工作程序	相关资料
11	充泡	1. 泡沫检验 2. 充泡	1-1 检验泡沫是否符合标准; 2-1 依据操作规程完成充泡操作	5.3 工序 10
12	安装护圈的灯支架	1. 灯支架焊接 2. 护圈制作 3. 防腐喷漆 4. 安装护圈	1-1 依据图纸焊接灯支架; 2-1 制作超高分子量聚乙烯护圈; 3-1 灯支架防腐喷漆; 4-1 将超高分子量聚乙烯护圈安装到灯支架上	5.3 工序 11
13	试装	1. 灯支架安装到浮体上	1-1 将灯支架安装到浮体上	
14	水池实验、检验	1. 确定检验项目 2. 水池实验	1-1 根据合同与产品标准检验外观尺寸; 2-1 根据合同与产品标准进行水池实验	
15	入库	1. 清点数量、检验 2. 办理入库	1-1 核实入库数量; 2-1 办理入库,填写入库单	入库单
16	装运办理	1. 签发发货通知单 2. 办理出库	1-1 财务部是否签发发货通知单; 2-1 依据发货量办理出库; 2-2 确定装车时间等事宜	发货通知单 出库单
17	装运	1. 安排装车事宜 2. 装运产品	1-1 依据装车时间安排装车事宜; 2-1 依据产品特性完成装车	

5.3 生产规程要求

表 3 给出了超高分子量聚乙烯浮标生产规程要求。

表 3 超高分子量聚乙烯浮标生产规程要求

序号	工序		制作要求
1	选料、下料	圆锥、大盖	尺寸偏差±3mm;椭圆度≤3mm
		加强筋	对角线尺寸偏差≤2mm;对边尺寸偏差≤1.5mm
		盲板	直径偏差±2mm,厚度 30±2mm
2	布丝	吊耳内外塑板	间距 8±1mm,距边 6±1mm
		大盖连接端	间距 8±1mm,距边 5±1mm
		加强筋	间距 8±1mm,距边 10±1mm
3	导热油焊接	大圆成形	两板材接口处错口≤5mm
4	电熔焊接	加强筋	电流控制在 4.0～7.5A
		大盖、外塑板	电流控制在 4.0～7.0 A
5	钢骨架复合焊接		外圆直径偏差≤10mm,上下边缘距边 30±5mm,焊接采用双面焊接
6	吊耳安装	上下吊耳	内侧距离 160±2mm,两吊耳距边一致偏差≤3mm
7	管箍焊接	上下管箍	上下管箍中心线与尾管中心线重合尺寸偏差≤5mm

序号	工序		制作要求
8	盲板安装	焊接	电流控制在 4.0～7.0 A
9	配重铁		外跨配重铁安装缝隙≤2mm
10	充泡		发泡密度 40～45kg/m^2，吸水率≤5%
11	涂漆		表面光滑、无漏喷点、无串色

附录 E
区域性体验式应急安全宣教场馆建设指南

1 范围

本文件提供了区域性体验式应急安全宣教场馆建设的总体原则、建设规划、功能模块、技术条件、人员配备、制度建设、设施设备等方面的指导。

本文件适用于区域性体验式应急安全宣教场馆的建设。

2 规范性引用文件

本文件没有规范性引用文件。

3 术语和定义

下列术语和定义适用本文件。

3.1 区域性体验式应急安全宣教场馆 regional experiential emergency science popularization and education venues

面向社会公众开放,具备突发事件虚拟场景及部分实景体验、应急知识学习、应急技能培训及应急演练功能的区域性宣传教育场所。

3.2 体验式教育 experiential education

通过沉浸式体验、互动学习与实训演练,让参与者产生类似于突发事件经历的方式来获取应对经验,从而提升关于突发事件的应急意识,掌握应对技能的教育训练方式。

[T/CSEM 0007—2021 综合性体验式应急安全宣教基地建设指南 定义 3.2]

3.3 应急训练讲师 emergency training instructor

为参与者提供关于突发事件的应急意识和应对技能培训服务的专职人员。

[T/CSEM 0007—2021 综合性体验式应急安全宣教基地建设指南 定义 3.3]

4 缩略语

下列缩略语适用于本文件。

VR：虚拟现实技术（Virtual Reality）

AR：增强现实技术（Augmented Reality）

MR：混合现实技术（Mix Reality）

LED：发光二极管（Light-Emitting Diode）

5 总则

5.1 科学引导

宣教内容科学准确，提供全面的应急教育信息和防御防护手段指南，培养提高社会公众关于突发事件的应急意识和应对能力。

5.2 技术引领

将"虚拟化""数字化""智能化""大数据"等先进技术合理运用在基地建设中，对于体验式教育是十分必要的。

5.3 寓教于乐

宜采取社会公众易于接受、乐于参与的形式，开展突发事件应急体验及训练演练，让参与者在亲身体验中接受互动式教育，并同时获得感性认识和理性认识。

5.4 综合联动

建议与当地应急管理部门、区域内突发事件应急救援专业机构、队伍等建立工作协调机制，实现对突发事件处置的综合联动。

6　需要考虑的因素

6.1　建设规划

建设规划宜考虑下列因素：

——良好的地理位置和便利的交通条件，对于提高应急安全宣教覆盖面是十分必要的；

——良好的社会人文条件，宜选在城市的文化区，与其他文化设施共同构成群体效应；

——良好的自然环境条件，包括地形、地貌、工程地质和水文地质条件，建议选址时考虑自然灾害可能造成的影响，与高噪声、污染源的防护距离符合有关安全卫生规定；

——可靠的电源、水源、通信等基础设施条件，是场馆建设及开展服务的重要因素；

——建议主体为固定建筑，按照展览教育、公众服务、业务研究、管理保障的功能要求合理分区。

6.2　场馆功能模块

6.2.1　城市应急安全区

6.2.1.1　宜基于 GIS 技术、BIM 技术及大数据可视化技术，利用空间信息构筑虚拟城市，1∶1 还原区域内城市全景风貌，包含城市基础设施、建筑与地形地貌、道路交通、自然资源、社会资源、经济信息等，模拟建立一个全三维、逼真的城市环境，建立城市应急安全三维空间信息系统。

6.2.1.2　城市应急安全区可实现对城市任一区域的精准定位，实现对城市重点区域，如生产企业、学校等进行重点监控，并可实现对突发事件的紧急响应与应急处置。

6.2.1.3　城市应急安全区宜：

a）构建不同突发事件下的虚拟场景；

b）具备多元化的展示方式，能动态真实地呈现区域内城市的应急疏散地点；

c）具备单人及群体数字化模拟推演功能；

d）具备紧急情况下的突发事件应对指挥功能。

6.2.2　安全体验竞技区

6.2.2.1　宜运用仿真程序将安全知识分配到突发事件虚拟场景中，设置不同的竞技关卡，主要角色或者物体可由体感设备进行操控，体验者通过对关卡功能的操作，能体验处于实际突发事件场景中不同的应对方式，系统同时弹出相应的知识教学模块，让体验者边操作边学习。实现安全知识的形象化、可视化和互动化。

6.2.2.2 安全知识互动系统设计架构宜包含以下 3 个模块：

a）用户界面交互控制，负责场景功能调用和界面切换；

b）体感互动操作，负责场景实际功能的具体操作；

c）虚拟场景安全知识呈现，负责安全知识的学习教育。

6.2.2.3 安全知识模块宜包括：消防安全、治安安全、卫生安全、交通安全、食品安全、集体活动安全、应急逃生、自然灾害、突发意外事故、安全法律法规等。

6.2.2.4 宜配备基础的应急知识资料。

6.2.3 应急模拟指挥区

6.2.3.1 宜运用 MR/AR/VR 等技术模拟构建突发事件场景，并通过网络化部署，将接入虚拟场景的多频道闭路监控显示在多块大屏幕上。

6.2.3.2 应急模拟指挥区宜匹配多类应急处置与救援角色，开展突发事件应对模拟演练，并提供演练情况报告。

6.2.4 自然灾害体验区

6.2.4.1 自然灾害类型宜包括：洪水、台风、火灾、地震等常见灾害。

6.2.4.2 体验者可沉浸在构建的突发事件虚拟场景中，实现自动漫游和不同视角自主漫游，体验突发事件发生后的情景、状况与应对方法。

6.2.4.3 宜为体验者提供不小于 50 平方米的活动范围。

6.2.5 消防体验区

6.2.5.1 宜通过三维显示技术还原消防救援真实场景，包括但不限于危化品灭火、航空救援、交通事故救援、社区消防、校园消防。

6.2.5.2 宜通过 VR 及三维技术等，呈现消防设备及救援场景，可在虚拟场景中对消防设备及救援行动进行认知学习。消防及救援设备包括但不限于灭火器材、消防车、特种装备、医疗设备。

6.2.5.3 宜通过 MR/AR 及半实物仿真等技术还原真实设施设备，可在虚拟及半现实场景中进行操作及体验，配备的半实物仿真器材与场景内虚拟设备物理属性保持一致。

6.2.6 交通安全体验区

6.2.6.1 可设置的真实交通工具包括但不限于：大客车、小客车、公共汽车、地铁、飞机、高铁。

6.2.6.2 可设置的真实交通安全场景包括但不限于：行人（包括自行车、电动车）通过十字路口，小客车冲入积水或水塘，打开飞机安全门，使用飞机紧急滑梯，地铁及铁路轨道逃生。

6.2.6.3　宜通过 VR 及三维技术模拟乘坐交通工具场景，可在虚拟场景中使用车辆、飞机上的应急设备，学习和体验交通事故应急处置与救援行动。

6.2.6.4　宜通过 MR/AR 及半实物仿真等技术还原真实设施设备，可在虚拟及半现实场景中进行机动车和非机动车模拟驾驶、酒驾、毒驾及车辆侧翻等体验。

6.2.7　实战训练区

6.2.7.1　宜通过 VR 及三维技术等，构建各类突发事件虚拟场景，在实战训练过程中提供应急人员角色，体验者可进行单人训练或多人团体协作训练。训练完毕后，根据各个角色在训练中的表现，出具训练情况报告表单。

6.2.7.2　宜通过现场指导教学，开展突发事件自救、互救及救援技能的实操学习和训练，支持单人独立救援和多人协同救援。教学内容包括但不限于：

a）应急避险知识、逃生线路标识；

b）常用逃生技能；

c）心肺复苏；

d）解除气道梗阻；

e）止血包扎、骨折固定搬运；

f）自我心理调节。

6.3　技术条件

a）突发事件虚拟情景宜基于 GIS、BIM、MR/AR/VR 及大数据可视化等技术进行构建。

b）突发事件虚拟情景高度逼真，其关键设施和建筑物可多维度呈现，并能使情景中的建筑、人物、车辆、道路等在指定的区域内以数据驱动的方式进行动态呈现，达到动态模拟不同策略下应急处置与救援情景的效果。宜满足如下条件：

1）搭建突发事件虚拟情景时，给系统提供可视的客观编辑环境；

2）体验者在系统空间中地理位置定位精准，自主漫游行动流畅；

3）体验者与情景中的物体或者事件之间发生交互操作或者反应过程中功能顺畅、定位精准，达到高精度、低延迟的追踪效果。

c）可结合区域地理、气候等自然环境及多发突发事件类型，按照各场馆功能构建虚拟情景，虚拟情景中突发事件发生顺序应与实际情况相一致，包括突发事件发生起因、演变流程等。

6.4　人员配备

人员配备宜包含应急训练师、安全管理人员、操作管理人员等：

a）配备应急训练讲师不少于 8 人，并具备相应的资质证书；

b）配备安全管理人员不少于 4 人，负责基地安全管理及安全保卫工作；

c）配备操作管理人员不少于 4 人，负责设施设备及装备器材的操作、管理及检查维护；

d）可建立各行业应急专家库，为工作开展提供智力支持。

6.5　制度建设

场馆的制度建设宜包含以下几个方面的内容：

a）制定服务管理制度、考勤制度、财务制度、行政管理等各项制度，并针对场馆实际，编制相应的应急预案；

b）建立培训工作制度，每年针对场馆工作人员实施 2 次应急管理能力集中培训；

c）建立应急训练讲师考评制度；

d）建立参与者教育培训结果回访制度。

6.6　设施设备

场馆设施设备宜包括但不限于：

a）虚拟现实体验设备；

b）仿真计算机，交互式投影机等；

c）宣传教育视频及图片循环展示系统；

d）桌面推演系统；

e）基础性安全体验设备。

参考文献

[1] 中华人民共和国突发事件应对法

[2] 中国科协 中央宣传部 科技部 国家卫生健康委 应急管理部《关于进一步加强突发事件应急科普宣教工作的意见》（科协发普字〔2020〕22 号）

[3]《突发事件应急演练指南》（应急办函〔2009〕62 号）

[4]《全国科普教育基地认定与管理试行办法》（科协办发普字〔2014〕39 号）

[5] GB/T 38209—2019 公共安全演练指南

附录 F
科技成果产业化评价服务

1 范围

本标准规定了对科研成果和创新技术的产品化、市场化、产业化转化过程进行评价的原则、指标和方法。

本标准适用于对各类组织研发形成的科技成果的产业化过程开展评价,并为组织提升和保持科技成果产业化能力提供参考。

2 规范性引用文件

下列文件对于本文件的应用是必不可少的。凡是注日期的引用文件,仅注日期的版本适用于本文件。凡是不注日期的引用文件,其最新版本(包括所有的修改单)适用于本文件。

GB/T 19011—2013 管理体系审核指南

GB/T 33450—2016 科技成果转化为标准指南

T/CSPSTC 1—2017 企业创新影响力评价体系

3 术语和定义

下列术语和定义适用于本文件。

3.1 科技成果 scientific and technical achievement

在科学技术活动中通过智力劳动所得出的具有学术价值和实用价值的知识产品。

注:改写 GB/T 33450—2016,3.1。

3.2 产业化 industrialization

在市场经济条件下，以行业需求为导向，以实现效益为目标，依靠专业服务和质量管理，形成的系列化和品牌化的经营方式和组织形式。

3.3 评价体系 evaluation system

以对评价对象进行评价为目的，建立指标体系，依据评价原则、评价程序和评价方法等要素构成的整体系统。

[T/CSPSTC 1-2017，术语和定义 3.2]

4 评价原则

4.1 规范性

科技成果产业化评价主要涉及评价委托方、评价管理单位、评价组织单位、咨询与评审专家委员会等方面。各相关方应遵循科技成果评价和科技评估管理相关规章制度，遵守评价合同约定，在评价过程中履行义务并承担责任。

4.2 客观公正

由第三方机构依据科技成果产业化的实际情况，客观、公平、公正地对科技成果产业化活动进行评价。

4.3 实用性

指标判定应从多种渠道获取相应的数据或支撑信息作为参考或依据，以对科技成果产业化活动的特征和特性获得全面的评估结果。

4.4 持续性

评价与持续改进相结合，在得出评价结果后，应按年度进行监督评价或内部改进评价。

5 评价指标

5.1 技术指标

5.1.1 技术水平

技术水平的评价项包括但不限于：

——在技术研发过程中解决关键技术问题并取得较大技术突破，建立创新技术、创新方法或创新试验测试条件，能够掌握产业核心技术且具备自主创新能力；

——主要技术指标（性能、工艺、产品设计等）全面高于相关国家标准要求，有能力达到或超过国内国际先进水平；

——科技成果研发过程中能够利用融合技术、方法工具对成果的创新要素和创新内容进行集成和优化，有能力形成各类技术优势互补的动态创新过程和融合多元化技术为一体的集成创新过程；

——在自主创新的同时，科技成果能够获得来自国家级、省部级、地市级的各方科研经费和产业发展经费的多方支持。

5.1.2 技术团队能力

技术团队能力的评价项包括但不限于：

——技术团队有能力研发先进、实用、可操作性强并与相关技术标准兼容的科技成果，能够在产品相关技术标准竞争中获得领跑地位和标准话语权；

——技术团队有能力凭借研究基础积累和技术先发优势，建立并灵活运用知识产权战略，推进科技成果形成技术标准，在产业链上下游吸引相关产学研用单位加入形成产业技术创新联盟，积极推进全产业链的科技成果产业化。

5.1.3 知识产权运营

知识产权运营的评价项包括但不限于：

——科技研发过程中有能力凝练形成知识成果产出物，并申请与科技成果紧密相关的发明专利、实用新型专利、外观设计专利、著作权和商标；

——专利、著作权等知识成果产出物的数量和等级，能够在同行横向对比中处于领先水平，核心技术能够转化形成内部或公开技术标准，并有能力推进技术标准成为行业技术准入门槛；

——具备知识产权战略思维和运营团队，在相关知识产权受到侵犯时，能够正确依据法律法规和行业部门规章实施保护措施。

5.1.4 技术管理能力

技术管理能力的评价项包括但不限于：

——有能力进行技术发展方向预测，确保技术创新符合产品更新换代的总体技术发展趋势；

——有能力进行所在行业的专利池构建和专利竞争力分析，确保在参与行业知识产权竞争过程中保持相关科技储备和创新敏感度；

——有能力在规避知识产权侵权风险的前提下，研发自主技术以替代同类进口产品，并逐步减少对进口零部件的依赖。

5.2 经济指标

5.2.1 市场前景

市场前景的评价项包括但不限于：

——科技成果产业化形成的产品或服务应当能够达到国内市场领先地位，并能体现一定的国际竞争力；

——科技成果产业化形成的产品或服务应当具备明确的目标用户，或有能力在一定程度上引导用户的消费习惯；

——科技成果产业化形成的产品或服务的潜在市场规模较大，预期发展前景较好，能够保持稳定的市场增长态势。

5.2.2 投资价值

投资价值的评价项包括但不限于：

——科技成果产业化项目相关的投资评估指标，如净利润、销售收入、净资产等，能够体现吸引投资者的指标展现；

——科技成果产业化项目有条件出具第三方机构的相关评估报告，投资回收的预期周期较短，预期投资市盈率较高；

——科技成果及其产品应具有较强竞争力，与同类产品在功能、成本、价格等方面的比较中综合优势明显；

——科技成果产业化项目的方向，研发团队的素质，团队专业技术的完备程度，研发进行的阶段，市场的状况，以往转化项目的完成度，及其他相关因素具备良好的对外展示，能够提升投资人的估值。

5.2.3 产业资源禀赋

产业资源禀赋的评价项包括但不限于：

——科技成果产业化项目具备良好的产业链上游和下游配套和供应能力；

——科技成果产业化项目具备完善的自有或第三方生产配套和检测配套；

——所在区域的区位条件与经济发展情况能够支撑产业化项目的持续健康发展。

5.3 社会指标

5.3.1 产业政策契合度

产业政策契合度的评价项包括但不限于：

——科技成果所属产业符合国家供给侧改革的基本要求和经济社会可持续发展的趋势；

——科技成果产业化项目应当符合国家重大产业政策发展方向和产业资金

投入扶持方向；

——在条件成熟时，有能力逐步减弱对产业政策的依赖，适应市场演变发展过程，并进一步提升核心竞争力。

5.3.2　成果产业化环境

成果产业化环境的评价项包括但不限于：

——科技成果产业化过程应当符合政策、法律、规范及相关部门规章的要求；

——科技成果产业化的战略、目标、发展规划、定位应当明确、清晰；

——科技成果产业化过程应当促进所在地区产业结构优化升级，推动区域经济持续增长；

——科技成果产业化过程应当合理利用资源，节能降耗，并展现组织的社会责任。

5.3.3　模式创新

模式创新的评价项包括但不限于：

——组织应当不断尝试管理体制机制创新，逐步形成完善的组织治理结构，并积极实践先进的管理体系，获取相应的认证并持续改进；

——组织应当主动推进产业资源共享，积极牵头或参与建设产业技术创新联盟，加快科技成果研发进度，提高科技成果研发水平；

——应当广泛关注产业链上下游相关机构的经营状况，培养管理人员和技术人员的信息敏感度，形成科技成果研、产、供、销有机结合的一体化经营模式。

6　评价实施

6.1　评价流程

科技成果产业化评价应当遵循规定评价流程开展，评价流程见图 1。

6.2　申报组织

评价管理单位按年度发布申报指南或申报通知，申报单位依据指南向评价组织单位提交科技成果产业化评价申报材料。

申报材料应当完整、真实、规范，内容表述明确，并附带相应证明材料。

申报材料应包括纸质材料和 PDF 格式电子版材料各一份。

申报材料包括但不限于以下内容，并按照顺序排列成册，逐页标明页码，各项材料间应当有区别标志：

——申请表（见附录 B）：申报表内容包括但不限于成果名称和类型、委托方信息、以及委托方声明等内容；

	评价管理单位	咨询与评审专家委员会	评价组织单位	申报单位
申报组织	发布年度申报指南		组织评价申报 评价可行性分析	提交申报材料
材料受理			形式审查（返回修改 / 符合要求） 评价申报材料登记 报请专家评价	进一步补充材料说明和相关证明文件 缴纳评价组织费用
组织评价	组织相关领导和专家出席现场会	遴选评价专家 召开评价现场会 形成评价意见		准备现场汇报材料
评价报告	研究并形成评价结论 出具评价报告		组织宣贯推广	根据评价结论，实施持续改进

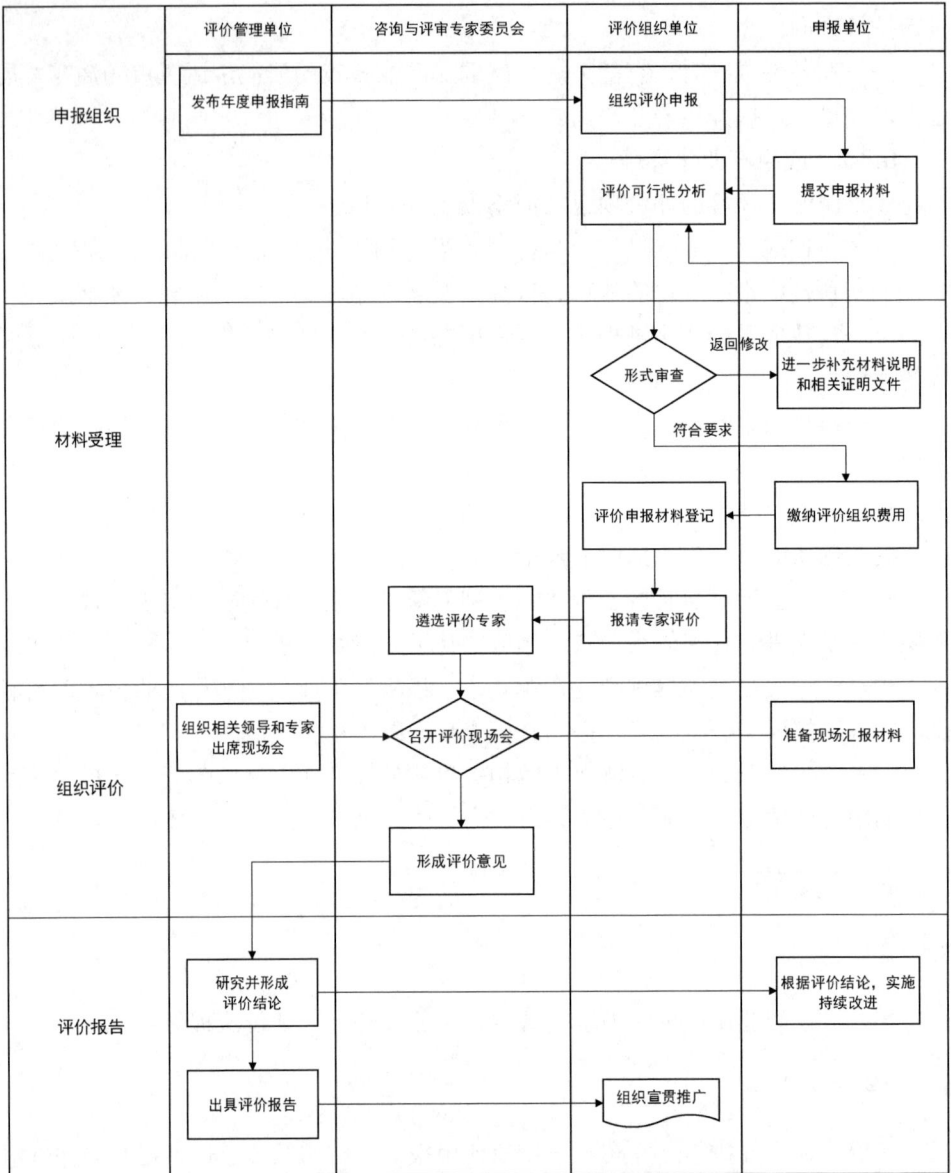

图 1　科技成果产业化评价流程

——成果资料：应包括成果简介、法人证书或身份证复印件以及相关证明材料。成果简介包括但不限于成果技术指标、效益指标和风险指标等内容。相关证明材料包括但不限于专利、专著、论文、标准、著作权、获奖证书、转让合同、测试报告、应用证明、国家法律法规要求的行业审批文件以及其他反映评价指标体系内容的证明材料的复印件。

6.3　材料受理

评价组织单位需进行评价可行性分析，并对申报单位的申报材料进行形式审查，判断申报单位提交的材料是否达到开展评价活动的基础要求。

若评价材料不齐全，需将材料返回至申报单位进一步补充材料或说明；若申报材料齐全且符合要求，或者申报单位按照进一步要求补充完整材料并符合要求后，评价组织单位予以受理。

材料审查通过后，评价组织单位与申报单位签订科技成果产业化评价咨询协议，约定有关评价工作事项，完成时间和评价费用等事项。

6.4　组织评价

6.4.1　总体要求

6.4.1.1　依据本标准开展科技成果产业化评价时，应当在咨询与评审专家委员会中遴选适当的专家做为评审员并组成评价执行小组。

6.4.1.1　评价过程宜有实施计划，计划应包括对本标准所要求的各项评价指标在不同维度的调查和评分步骤，得出评价意见。

6.4.1.1　评价时宜识别评价指标适用于不同行业的特定要求，并在适当的范围内对不同行业属性的科技成果进行综合性评价。

6.4.1.1　评价时采用文件调查和现场调查的方式，包括查阅文件和记录、询问工作人员、观察现场等，评价宜按 GB/T 19011—2013 中 6.4 规定的方法进行。

6.4.1.1　评价宜每三年重新评价一次，以达到保持和改进的目的。

6.4.2　评分

科技成果产业化评价指标和分值见附录 A，评价结果采用加权平均求和评估方法，评价得分计算式（1）为：

$$F = \sum x_i w_i \quad\cdots\cdots\cdots\cdots\cdots\cdots\cdots\cdots\cdots\cdots\cdots（1）$$

式中：

F ——某评审员对被评估项目的综合性评分；

x_i ——该评审员对某项指标的具体评分；

w_i ——该指标的权重。

计算结果时，首先依据本标准对二级指标打分，并依据二级指标权重对各二级指标得分进行加权求和，再依据一级指标权重对各一级指标得分进行加权求和，得到综合性评分，再综合所有评审员的评分得到最终综合性评分。

此外，为保证评价能够体现科技成果产业化过程中的创新性亮点，设置 20 分的创新加分项，以体现科技成果产业化评价体系未涵盖的指标创新性，创新加分项的分值由专家组合议形成。

6.5　评价报告

评价完成后，评价管理单位应研究并形成评价结论，在 15 个工作日内出具评价报告（见附录 C）。评价报告内容应包括科技成果产业化概况、评价内容及评价结论等。评价报告应加盖"评价管理单位业务专用章"，并书面通知申报单位。

评价组织单位应对评价报告进行建档存留，并组织落实科技成果产业化的宣传推广工作。

附录 A

（规范性附录）

科技成果产业化评价指标和分值

科技成果产业化评价指标和分值见表 A.1。

表 A.1　科技成果产业化评价指标和分值

一级指标	指标权重	二级指标	满分	指标权重
技术指标	40%	技术水平	100	30%
		技术团队能力	100	25%
		知识产权运营	100	25%
		技术管理能力	100	20%
经济指标	35%	市场前景	100	40%
		投资价值	100	35%
		产业资源禀赋	100	25%
社会指标	25%	产业政策契合度	100	30%
		成果产业化环境	100	30%
		模式创新	100	40%
创新加分项	—	科技成果产业化评价加分项	20	—

附录 B

（规范性附录）

科技成果产业化评价申请表

科技成果产业化评价评价申请表见表 B.1。

编号：_____

表 B.1　科技成果产业化评价申请表（样表）

成果名称						
成果类型	□ 科技成果产业化评价　　□ 科技成果水平评价					
研究开始时间				研究终止时间		
任务来源	（　）	1-国家计划　2-省部计划　3-计划外				
成果有无密级	（　）	0-无 1-有	密级	（　）	1-秘密 2-机密 3-绝密	
委托方	名称或姓名					
	隶属省部	代码			名称	
	所在地区	代码			名称	
	通讯地址			邮政编码		
	性质	□独立科研机构；　□大专院校；　□企业；　□个人；□其他				
	负责人		电话		传真	
	联系人		电话		传真	
			手机		电子邮箱	
成果资料	所附资料（请在所提供资料前的□内打"√"） □　1、成果简介，包括项目背景、产品概述、解决的技术问题、项目设计标准和规范、技术论述、技术效果及应用情况等内容； □　2、主要研制人员名单，包括姓名、性别、出生年月、技术职称、文化程度、工作单位、对成果创造性贡献等； □　3、评价大纲； □　4、成果产业化工作总结； □　5、成果产业化技术研究报告； □　6、成果产业化用户使用报告； □　7、法人证书或身份证复印件； □　8、专利复印件； □　9、著作（书籍）封面复印件； □　10、论文复印件； □　11、标准复印件； □　12、软件著作权复印件； □　13、获奖证书复印件； □　14、转让合同复印件； □　15、测试或检测报告复印件； □　16、应用证明复印件； □　17、国家法律法规要求的行业审核文件； □　18、其他					

委托方声明
委托方自愿申请科技成果产业化评价活动，并承诺所提供的相关证明、资料真实、有效，复印件和原件一致。成果符合国家法律、法规，不存在知识产权权益纠纷。如有不实之处，我愿负相应法律责任，并承担由此造成的一切后果。   委托方（签字/盖章） 年　月　日
委托方意见
        委托方（签字/盖章） 年　月　日
评价机构意见
        评价机构（签字/盖章） 年　月　日

评价形式	会议

附录 C
（规范性附录）
科技成果产业化评价报告

科技成果产业化评价报告见表 C.1。

表 C.1　科技成果产业化评价报告（样表）

编号：

科技成果产业化评价报告

××××科促评字[　　]第××号

成果名称：_____

申报单位：_____

评价机构（盖章）：_____

实施时间：_____

中国科技产业化促进会　　制

年　　月　　日

续表

成果名称						
成果类型		□ 科技成果产业化评价　　□ 科技成果水平评价				
研究开始时间			研究终止时间			
任务来源	（　　）	1-国家计划　2-省部计划　3-计划外				
成果有无密级	（　　）	0-无 1-有	密级	（　　）	1-秘密 2-机密 3-绝密	
委托方	名称或姓名					
	隶属省部	代码		名称		
	所在地区	代码		名称		
	通讯地址			邮政编码		
	性质	□独立科研机构；　□大专院校；　□企业；　□个人；　□其他				
	负责人		电话		传真	
	联系人		电话		传真	
			手机		电子邮箱	
评价机构	名称					
	通讯地址					
	负责人		电话		传真	
	联系人		电话		传真	
			手机		电子邮箱	
报告内容						

根据委托，我于××××年××月××日在××××对××××送评《×××××科技成果产业化技术报告》（以下简称"技术报告"）进行了评价，现提出如下评价报告。

一、成果概况

二、成果评价

三、评价结论

评价认为：

评价结论属咨询意见，供使用者参考。依据评价结论做出的决策行为，其后果由行为决策者承担。

附件：评价咨询专家名单

专家组长签字：
年　月　日

附件:

评价咨询专家名单					
姓名	工作单位	职称	从事专业	联系电话	签字

附录 G
国际贸易方式代码

1 范围

本标准规定了我国从事国际贸易和国际经济合作适用的国际贸易方式代码。本标准适用于从事国际贸易的机构进行电子数据交换和信息处理。

2 编制原则

本标准遵守国际贸易惯例和我国已颁布的各项贸易法规。

3 代码结构

本标准采用等长两位数字代码。

4 代码表

国际贸易方式代码表见表 1。

表 1　国际贸易方式代码表

代码	国际贸易方式名称		说　明
	中文名称	英文名称	
10	一般贸易	ordinary trade	经营进出口贸易的企业单边进口或单边出口货物
11	国际援助	international aid	国际组织或政府间提供无偿援助的进出口货物
12	捐赠	donation	捐赠方以扶贫、慈善、救灾等为目的用于兴办公益福利事业的物资
13	补偿贸易	compensation trade	由境外厂商利用出口信贷提供生产技术或设备，由生产方返销其产品分期偿还

续表

代码	国际贸易方式名称		说　明
	中文名称	英文名称	
14	来料加工	processing with supplied material	由境外厂商提供原材料、零部件，由加工方按外商要求加工装配，成品交外商销售，加工方收取工缴费
15	进料加工	processing with imported material	进口原材料、零部件，加工成品后再出口
16	寄售贸易	consignment trade	寄售人把货物运到境外，委托代销人销售
17	经贸往来赠送	present	企业在经贸往来活动中的赠送
19	边境贸易	frontier trade	边境城镇与接壤国家边境城镇之间及边民互市贸易
22	承包工程	contracted project	承包境外工程技术项目或劳务项目的出口设备和货物
23	国际租赁	international lease	根据国际租赁契约，出租人将设备租赁给他国承租人使用
25	外商投资企业进口	imports of foreign-invested enterprises	根据国家有关规定，外商投资企业进口货物
26	暂时进出口	temporary imports & exports	以技术交流、测试、样品为目的暂时进/出境，并在规定的期限内复出/进境的货物
27	出料加工	outward processing	由境内厂商提供原材料、零部件，境外厂商按要求加工装配，成品交由境内厂商销售，加工方收取工缴费的交易形式
30	易货贸易	barter trade	不通过货币媒介而直接用出口货物交换进口货物的贸易
31	免税外汇商品	duty-free products	由经批准的经营单位进口，销售专供入境的我国特定出国人员和驻华外交人员的免税外汇商品
32	转口贸易	entrepot trade	经过转口国进行的进出口贸易
34	国际展览	international fair	利用国际展览会和国际博览会以及交易会等各种形式展出/销售商品的贸易
41	协定贸易	agreement trade	根据各国政府间签订的贸易协定和清算协定进行的贸易
42	期货贸易	forward trade	通过国际期货市场进行远期商品买卖
43	国际招标	international bidding	通过国际招标形式进行的一种进出口贸易
44	国际拍卖	international auction	通过国际拍卖进行的一种贸易
45	国际贷款进口	international loan	国际金融机构或外国政府提供贷款项目的进口
46	归还贷款出口	reimbursed loan	国家批准的国际贷款项目通过出口产品来归还贷款
47	外商投资企业出口	exports of foreign-invested enterprises	根据国家有关规定，外商投资企业出口货物

代码	国际贸易方式名称		说　明
	中文名称	英文名称	
50	国际许可贸易	international license trade	与对外贸易有关的签订国际许可合同的贸易，如商标、专利技术、专有技术、版权等
60	国际服务贸易	international service trade	企业间根据国家规定开展的国际服务贸易
61	维修贸易	repair trade	企业间按照维修协议对货物进行维修，维修完毕后复运出/进境，维修方收取一定的维修费用
70	国际投资	international investment	企业在境外以设备、物资、资金进行投资
99	其他贸易	other trade	国际贸易中使用的上述贸易方式之外的贸易方式

参考文献

[1] 国家标准化管理委员会. 标准化工作导则 第 1 部分：标准化文件的结构和起草规则：GB/T 1.1—2020[S]. 北京：中国标准化出版社，2020.

[2] 国家标准化管理委员会. 标准化工作导则 第 2 部分：以 ISO/IEC 标准化文件为基础的标准化文件起草规则：GB/T 1.2—2020[S]. 北京：中国标准化出版社，2020.

[3] 国家标准化管理委员会. 标准化工作指南 第 1 部分：标准化和相关活动的通用术语：GB/T 20000.1—2014[S]. 北京：中国质检出版社，2014.

[4] 国家标准化管理委员会. 标准化工作指南 第 3 部分：引用文件：GB/T 20000.3—2014[S]. 北京：中国质检出版社，2014.

[5] 国家标准化管理委员会. 标准化工作指南 第 4 部分：标准中涉及安全的内容：GB/T 20000.4—2004[S]. 北京：中国质检出版社，2004.

[6] 国家标准化管理委员会. 标准化工作指南 第 5 部分：产品标准中涉及环境的内容：GB/T 20000.5—2004[S]. 北京：中国质检出版社，2004.

[7] 国家标准化管理委员会. 标准化工作指南 第 6 部分：标准化良好行为规范：GB/T 20000.6—2006[S]. 北京：中国质检出版社，2006.

[8] 国家标准化管理委员会. 标准化工作指南 第 7 部分：管理体系标准的论证和制定：GB/T 20000.7—2006[S]. 北京：中国质检出版社，2006.

[9] 国家标准化管理委员会. 标准编写规则 第 1 部分：术语：GB/T 20001.1—2001[S]. 北京：中国质检出版社，2002.

[10] 国家标准化管理委员会. 标准编写规则 第 2 部分：符号标准：GB/T 20001.2—2015[S]. 北京：中国质检出版社，2015.

[11] 国家标准化管理委员会. 标准编写规则 第 3 部分：分类标准：GB/T 20001.3—2015[S]. 北京：中国质检出版社，2015.

[12] 国家标准化管理委员会. 标准编写规则 第 4 部分：试验方法标准：GB/T 20001.4—2015[S]. 北京：中国质检出版社，2015.

[13] 国家标准化管理委员会. 标准编写规则 第 5 部分：示范标准：GB/T 20001.5—2017[S]. 北京：中国质检出版社，2017.

[14] 国家标准化管理委员会. 标准编写规则 第 6 部分：规程标准：GB/T 20001.6—2017[S]. 北京：中国质检出版社，2017.

[15] 国家标准化管理委员会. 标准编写规则 第 7 部分：指南标准：GB/T 20001.7—2017[S]. 北京：中国质检出版社，2017.

[16] 国家标准化管理委员会. 标准编写规则 第 10 部分：产品标准：GB/T 20001.10—2014[S]. 北京：中国质检出版社，2010.

[17] 国家标准化管理委员会. 标准中特定内容的起草 第 1 部分：儿童安全：GB/T 20002.1—2008[S]. 北京：中国标准化出版社，2008.

[18] 国家标准化管理委员会. 标准中特定内容的起草 第 2 部分：老年人和残疾人的需求：GB/T 20002.2—2008[S]. 北京：中国标准化出版社，2008.

[19] 国家标准化管理委员会. 标准中特定内容的起草 第 3 部分：产品标准中涉及环境的内容：GB/T 20002.3—2014[S]. 北京：中国标准化出版社，2014.

[20] 国家标准化管理委员会. 标准中特定内容的起草 第 4 部分：标准中涉及安全的内容：GB/T 20002.4—2015[S]. 北京：中国标准化出版社，2015.

[21] 国家标准化管理委员会. 标准制定的特殊程序 第 1 部分：涉及专利的标准：GB/T 20003.1—2014[S]. 北京：中国标准化出版社，2014.

[22] ISO/IEC. ISO/IEC 导则 第 1 部分：技术工作程序[M]. 12 版. 北京：中国标准化出版社，2017.

[23] ISO/IEC. ISO/IEC 导则 第 2 部分：ISO/IEC 文件结构和起草的原则与规则[M]. 8 版. 北京：中国标准化出版社，2018.